后浪出版公司
PLAYFUL INTELLIGENCE
THE POWER OF LIVING LIGHTLY
IN A SERIOUS WORLD
学会轻松
ANTHONY T. DEBENEDET
[英] 安东尼·迪本德 著 曹聪 译
天津出版传媒集团
天津科学技术出版社

对《学会轻松》的赞扬

《学会轻松》将是你读过的最重要和最有影响力的书之一。它击中了我的内心，触动了最深处的情感。安东尼·迪本德写出了一本精彩而实用的指南，教我们如何成为更合格的家长、爱人、朋友和同事；它让我们以一种新的视角思考在工作和生活中到底什么最重要。简言之，这本书将使你成为一个更幸福的人。准备好得到启发吧！

——汤姆·拉斯（Tom Rath），畅销书《盖洛普优势识别器 2.0》（*Strengths Finder 2.0*）、《你的水桶有多满？》（*How Full is Your Bucket?*）和《你的幸福可以测量》（*Wellbeing*）的作者

安东尼·迪本德的著作就像一场及时雨，向我们展示了顽皮如何使我们变得更好，并提供了一个简单的框架，帮助我们将顽皮融入日常生活。《学会轻松》是一剂对抗压力、严肃和超负荷这些成年人主要困扰的解药，是一则针对我们高压力生活的完美处方。

——乔纳·伯杰（Jonah Berger），畅销书《疯传：让你的产品、

思想、行为像病毒一样入侵》(*Contagious*)、《传染：塑造消费、心智、决策的隐秘力量》(*Invisible Influence*)的作者

通过将顽皮拆解成一系列零部件，迪本德邀请我们进行了一次愉快的冒险——充满了令人信服的研究、激励人心的故事和切实可行的步骤，使得我们有可能培养出这种梦幻般的品质，并将其融入日常生活中。换句话说，他为我们的童心提供了一条逃生路线，使其得以穿过成年人环境中的灌木丛。这个世界因此变成了一个更有爱、更顽皮的地方！

——格温·戈登(Gwen Gordon)，艾美奖最佳创意总监，《神奇的W》(*The Wonderful W*)的作者

安东尼自己的顽皮情商闪耀在这本令人愉快并发人深省的图书的每一页。然而，他真正的天赋是向其他人展示如何使我们的成年生活更有趣。如果每个人都把这本书的指导铭记于心，这个世界将变得更加美好！

——劳伦斯·J. 科恩博士(Lawrence J. Cohen)，《游戏力》(*Playful Parenting*)的作者

《学会轻松》就像一本医嘱！迪本德在书中完美结合了他作为一名医生、行为科学爱好者和风趣之人的专长，为我们写出了如何

拥有更快乐、更健康、更顽皮的生活的完美处方。通过将顽皮拆分为 5 个关键零部件，分享将玩耍的力量融入我们日常生活的途径，这本书给予成年人许可：他们需要努力工作，也需要更努力地玩耍。

——梅雷迪思·辛克莱（Meredith Sinclair），教育学硕士，生活方式专家，《好好玩耍》（*Well Played: The Ultimate Guide to Awakening Your Family's Playful Spirit*）的作者

我很少遇到这样一本能够激励我，让我浑身战栗，甚至想要哭泣的书。安东尼·迪本德博士用《学会轻松》做到了。迪本德向我们展示了为什么我们要把顽皮摆在成年人生活的核心位置，因为顽皮能帮助我们平衡生活中的严肃时刻，并释放心理压力，这对我们至关重要。迪本德提出的最宝贵的一点是，顽皮是心理复原力的核心，即从充满挑战和压力的经历中恢复活力的能力。书中有很多这样的深刻的见解，它们使这本书成为一张能量巨大的邀请函和许可证，让我们得以俯下身，用一个孩子的视角看待生活，同时继续拥有我们从自身经验中获得的以及先人们传递给我们的智慧。它能激励我们，适用于生活的方方面面，强烈推荐！

——安妮特·普雷恩（Anette Prehn），社会科学家，应用神经科学的开拓者，《玩转你的大脑》（*Play Your Brain*）和《大脑之友》（*Brain Friends*）系列图书的作者

对于我们这些生活在压力之中的人来说，《学会轻松》就是一本医嘱。迪本德博士将幽默、科学与发人深省的现实生活故事融合在一起，创作出这样一本书：它提醒我们要去笑、做白日梦、活在当下，并且，最终，要去爱。

——桑杰·圣（Sanjay Saint），医学博士，

弗吉尼亚州安阿伯市卫生保健系统内科主任，

密歇根大学内科医学教授

前　言
重建欢乐谷

作为一个成长在20世纪60年代的孩子，马琳·欧文曾多次到欢乐谷——她的家乡堪萨斯州威奇托市的一个游乐园玩耍。每当她们一家人驶入欢乐谷的停车场时，她的手臂就会兴奋得起鸡皮疙瘩。“对我的童年来说，在游乐园入口处旋转着的旋转木马永远是最浓墨重彩的一笔，”马琳说，“我可以注视那些木马很久很久。”

欢乐谷确实给马琳留下了深刻的印象，以至于后来她在当时世界上最大的游乐园游乐设施制造商——威奇托机遇制造厂（Wichita's Chance Manufacturing）找到了“第一份真正的工作”。马琳的工作从玻璃纤维店开始，在这里，旋转木马的框架、摩天轮的零件、过山车和其他供乘骑的游乐设施被分别组装在一起。最终，她在机遇制造厂的艺术和装饰部找到了自己的方向，成为木马艺术的带头人之一。1992年，在机遇制造厂工作了近15年后，马琳决定开始她自己的事业，专门从事旋转木马的修复工作。

巧合的是，大约就在同时，欢乐谷的游客开始持续减少。2006年，令威奇托老老少少心碎的是，欢乐谷在经历了50多年的运营后倒闭了。当地的保护组织购买了游乐园的一些艺术品，同时欢乐谷的36架旋转木马被捐赠给了威奇托的一个植物园。植物园请马琳修复老化变质的木马，她接受了挑战。

马琳完成一架木马的修复后，植物园会将它展示给公众。尽管与在欢乐谷的辉煌岁月相比，这些木马看起来不太一样，但由于马琳在艺术上的努力，这些木马带给参观者的印象比以前更深刻了。当威奇托人看到它们时，最常问的问题是："我能骑它们吗？"即使已经是成年人，他们仍记得还是孩子的时候，在欢乐谷乘坐木马的经历。

马琳总是微笑着回答："它们一直在等你回来。"

* * *

如果你已经拿起这本书，你可能感觉到了成年——至少我们大多数人经历它的方式——正在让我们失去某些东西。换句话说，你发现你中年的美好时光，会时不时因为这些时光带给你的压力而黯然失色。

美好会以各种各样的方式呈现。你有可能从未想过自己会如此深爱某个人，你见证着一个孩子的快乐，你感受着一个朋友无条件的支持，你发现了你的目标。

但压力也是如此。你正在学习如何经营婚姻，你正在穿越崎岖不平的育儿之路，你需要决定发展哪些社会关系，你即将面临严峻的困境，你尝试从你的事业中寻找满足感。

当压力使美好黯然失色时，成年就开始让人喘不过气来。而很快你就会发现，自己在尽一切努力去忍受中年岁月的压力，同时怀疑自己是否真正享受到了中年岁月的美好。

这正是 5 年前我面临的处境。随着责任的不断增加，我的生活变得更加紧张且充满压力。我的人际关系，作为一名医生的临床工作以及与这个世界的基本互动，都模糊成了一团马赛克。敷衍了事成了我的常态，每一天都过得忙碌又疲惫。

我在想我是不是陷入了抑郁？我认为不是。焦虑？当然。但在某种程度上，我们不是都很焦虑吗？我还考虑了曾和病人讨论的与生活方式有关的因素。我的睡眠充足吗？我定期锻炼了吗？我的饮食健康吗？我花时间去寻找乐趣了吗？

总的来说，我在这些方面做得还行，但最后一个关于乐趣的思考引起了我的注意。我并不觉得自己缺少乐趣，但通过自省，我注意到在涉及乐趣和玩耍时童年期和成年期之间的差异。我想到孩子们是如何生活在一个持续玩耍的状态中，而成年人又如何生活在一个持续努力上进的状态中。坚守责任所带来的无休止的压力，似乎在不知不觉中使我们的生活变得严肃而紧张。我很充分地认识到，通常来说，成年期的压力要比童年大很多。我也知道，成年期偶尔需要保持高度严肃。然而，压力和严肃却似乎垄断了成年人的生活，尤其是我的。

是成年期的压力过大，导致没有那么多时间娱乐吗？我感觉对于我来说不是这样的，对于我认识的其他成年人来说也不是事实。然后我意识到：也许问题不在于压力削减了玩耍或娱乐的时间，而在于我们性格中顽皮部分的变化。伴随着成年期压力的增大，也许我们内心之中的顽皮被侵蚀掉了。换句话说，我们性格中的顽皮部分——我们内在的欢乐谷，如果你愿意这样说的话——开始枯竭了，同时，我们开始放弃把这个世界看作游乐园的那部分自我。

我的生活正在迅速走向倦怠，麻木感正在袭来，而净效应[①]似乎是我性格中顽皮一面的衰退。如果用一部动画片来形容，蟋蟀先生杰米尼[②]——一个聪明而滑稽的伙伴——能帮助我表达一个重要的事实：并不是要让生活少些严肃，而是用一种聪明的方式让**我们自己**少些严肃。

让我写这本书的理由，也许同样是让你选择读这本书的理由。当我们在成年期的严肃之中前行时，可以通过学习如何轻松地生活来改造我们的中年岁月。也就是说，你不会在这些书页中发现大量的游戏和活动。我假定你已经在我们所拥有的有限时间里享受到了尽可能多的乐趣。我希望传达的是，在你生命中的这一刻，思考什么是顽皮，和去玩耍同样重要。

让我们花一点时间，看一下这两者之间的区别。

---

① 净效应（net effect）：真正的有效影响。——译者注

② 蟋蟀先生杰米尼（Jiminy Cricket）：迪士尼经典动画片《木偶奇遇记》中的角色。——译者注

玩耍是一种行为，顽皮是对待行为的一种态度。玩耍是在你的后院扔马蹄铁，顽皮是当你这么做的时候表现出的微笑或大笑的倾向。我认识的一个顽皮的家庭经常讲述他们第一次去马戏团的故事——一种玩耍的行为。为了留下他们的家庭出游回忆，这对父母把孩子们引导到一个全家人可以和小丑合影的舞台上。当他们走上舞台时，最小的儿子突然大哭起来。每个人——他的父母和兄弟姐妹，还有小丑和摄影师——都试图让他平静下来，但没有成功。他的母亲大喊："快，让我们做坏脾气的鬼脸吧！"当摄影师"啪"地一声按下快门时，每个人都高兴地皱着眉头——这是一种顽皮的行为。

玩耍的行为很容易达成，它存在于大多数成年人的生活中。相比来说，快速启动我们性格中的顽皮部分更加困难。这需要有意识地去思考顽皮，了解它如何使我们的生活变得更好。

从智力理论的角度来看，顽皮情商不是一种全新的智力形式。相反，它是自省智能和交流智能的延伸，这两种智能曾被霍华德·加德纳（Howard Gardner，美国发展心理学家，以多元智能理论而闻名）描述过。自省智能是对自身内在、感觉、情绪和行为的认识；交流智能是对他人情绪、性情、动机和意图的认识。把这些概念组合到一起，顽皮情商的概念是：了解顽皮如何影响一个人内在和外在的成年生活。

当我第一次开始思考成年人的顽皮时，我查阅了很多文献，来了解其他人是如何研究它的。与关于儿童顽皮的研究不同，关于成人顽皮的研究数量相对有限。不管怎样，现有的研究已经在一定程度上验证了与顽皮相关的行为特质：喜欢冒险、富有创造性、精力充沛、幽默、富有想象力、性格外向、喜爱社交、天真率直，等等。将近40种特质与成年人的顽皮有关。

当我思考每一种特质时，我的第一个结论是：对于某个人来说，要想恢复性格中顽皮的部分，就需要分别考虑这些特质。因为和其他任何事物一样，顽皮只有作为整体中的一项功能时，才能够被更好地理解。例如，当你走在街上，前往常去的三明治店，突然决定今天要开展一场美食冒险——你看到一家古色古香的韩国小餐馆并走了进去，试着点了些韩式烤五花肉和泡菜汤，它们很好吃。你一定还会再来的！为了更好地理解顽皮在这里是如何起作用的，辨别来自顽皮的冒险特质（在这个场景中是一场美食冒险）和自发特质是很重要的——一时心血来潮，你改变了食用三明治的惯例。

我的第二个结论是，如果要逐个探讨这些特质，调查每一种特质如何影响我和其他人的生活，那么40个特质太多了，根本无法兼顾。我们可以探讨其中最具影响力的5个特质。

因此，我开始探索是哪5种有趣的特质——在适当的剂量和环境下——可以帮助我们重新发现我们的游乐场，并且使我们能够循序渐进地过上最好的生活。在这个过程中，我观察、研究并采访了成百上千的人，他们中的许多人都是我的病人。我还对一系列学科进行了广泛的研究——尤其是心理学、社会学、历史学、神经科学和经济学——为了弄清顽皮以怎样深刻且出人意料的方式影响成年人的生活。

幸运的是，我很快找出了最重要的 5 种特质：**想象力、社交能力、幽默、自发性和惊奇**。我们都有能力在日常生活中运用这些顽皮特质，但通常不会有意识地这样做，也很少考虑它们对我们的幸福和健康产生的影响。

本书的核心章节以这 5 个特质为基础，用案例研究的方式对每个特质进行说明。在每一章的末尾有一个简短的总结，你会找到如何在日常生活中运用该章要点的实用小窍门。我期待看到的结果，是成年人如何通过学习并实践这本书中研究的 5 种顽皮特质而受益——从身心健康、人际关系到面对困境等诸多方面。而更重要的结果——可以说是我的心愿——就是在读完这本书后，你会在未来谱写出更好的故事。

就像蟋蟀先生杰米尼曾经说的：“最不可思议、最神奇的事情能够发生，而一切都从一个愿望开始。”

目　录

第 1 章

想象力

20世纪50年代，当萨尔瓦托雷·马迪[1]在哈佛大学攻读心理学博士学位时，他第一次学习到压力理论。亨利·默里是他的导师之一，研究人格。默里认为，我们的人格决定了我们如何应对压力。和默里的其他学生一样，萨尔被默里正在研究的人格与压力之间的关系所启发——这种启发使他选择在博士毕业后继续探索其中的联系。

萨尔加入了芝加哥大学心理学系。除了研究和教学之外，他还担任伊利诺伊州贝尔电话公司的顾问，就人格特质如何影响工作体验的方方面面（从同事关系到解决问题，再到工作效率），向公司提供建议。

当时，伊利诺伊州贝尔公司是AT&T（美国电话电报公司）控制下的众多“小贝尔公司”[2]（Baby Bells）之一。自1877年以来，AT&T一直是美国唯一的电话服务提供商。多年来，美国联邦政府一直致力于将AT&T拆分。20世纪70年代，AT&T的资产剥离[3]似乎已不可避免。

---

① 后文中简称萨尔。——译者注

② 亚历山大·贝尔创建的美国电话电报公司子公司的绰号，或指以前曾属于美国电话电报公司的某一地区电话公司。——译者注

③ 资产剥离：指企业或公司因经营方略的调整，对其辖下的某些部门或子公司实行退出经营或出售的举措。——译者注

自然而然，这给小贝尔公司的员工带来了巨大的压力，包括那些伊利诺伊州贝尔公司的员工。公司上下每一位员工都知道，AT&T 即将发生的资产剥离将带来彻底的组织变革、裁员和未知变数。萨尔也知道，但他也将公司的剧变视为一个机会，希望借此了解人格方面的差异会如何影响人们管理压力的方式。

1975 年，在伊利诺伊州贝尔公司全体员工的协作下，萨尔和他的研究小组开始了一项为期 12 年、关于人格和压力的纵向研究，由伊利诺伊州贝尔公司和美国国立卫生研究院资助。该项目包括将近 260 名伊利诺伊州贝尔公司的员工。在研究过程中，参与者接受了大量的医学检查、心理访谈和绩效评估。他们的健康情况受到了全面的监测，他们对压力的处理方式也经过了细致的分析。

在该研究的前 5 年（这一时期参与者们受到的压力是适中的），研究者获得了所有参与者的基线数据。事实证明，这对研究至关重要，因为在第 6 年（1981 年），当美国司法部命令 AT&T 公司进行资产剥离时，参与者们的压力水平大幅上升。共事多年的团队在一夜之间发生了变化，并在接下来的每周都有变化发生。每个月，办公室里都有新老板，而且连续几个月，每天都有员工被解雇。

伊利诺伊州贝尔公司的员工人数减少了近一半，从 26 000 人减少到 14 000 人。到 1982 年底，2/3 的研究参与者对压力的反应变得非常糟糕。有的人罹患心脏病、重度抑郁症和焦虑症，有的人则沉溺于酒精和毒品。一些人的婚姻破裂了，还有些人甚至表现出暴力倾向。很明显，压力对大多数研究参与者产生了深远的影响。

然而，奇怪的是，剩下 1/3 的参与者不仅在这种情况下生存了下来，而且还能在其中健康成长。与悲惨的同事相比，他们好像生活在另一个现实中。在这种情况下，他们的心理弹性水平比预期高得多。为什么会这样呢?

在仔细研究了数个月的数据之后，萨尔和他的团队确认了这 1/3 的雇员普遍拥有的几种重要态度：他们认为自己的工作是有价值的；他们觉得自己有能力影响周围发生的变化；他们将这些变化视为学习和自我提升的机会。萨尔的团队发现这三种态度集合在一起，形成了顽强的人格特质。

但有趣的是，除了顽强之外，数据中还显现出其他一些东西：那些对压力做出积极回应的参与者们实践了转换性的应对（transformational coping）——即通过想象的方式，将一个人的压力经历（或者至少是部分经历）重新定义成一束积极的光。

萨尔和他的研究团队对员工比尔特别感兴趣。比尔以一种看似无意识的方式进行了转换性的应对。在 55 岁的时候，比尔主管伊利诺伊州贝尔公司的商业电话服务。正如萨尔所说，比尔对生活充满热情。在对他的第一次采访中，团队就承认比尔是独一无二的。他的时间似乎永远充裕，从不显得匆忙。这项研究的细节引起了萨尔的兴趣。不管是多么平凡的工作，比尔都会积极投入其中。他认为自己的工作仅仅是将人们以前所未有的方式相互联系起来。

当被问到关于资产剥离的问题时，比尔没有表现出惊慌或紧张。他欣然接受了这种不确定性，并为眼下这个行业的发展兴奋不已。他知道，不管他的角色是什么，即使这意味着被解雇，他也会充分利用它。正如该团队指出的："比尔期待着卷起袖子，努力工作，学习新事物，并在意想不到的地方、以意想不到的方式寻找一线生机。"在整个研究过程中，比尔几乎没有表现出任何精神或身体上的压力迹象。并且，与他的许多同事们不同的是，他没有罹患任何重大疾病。

* * *

在我的研究中，顽皮的想象力特质在成年人的生活中起作用的方式让我很惊讶。我本期待它被更多应用于创造性活动，比如艺术或音乐的表达。但与此相反，我发现它被更频繁地应用于心理，就像生气勃勃的伊利诺伊州贝尔公司员工们的例子一样。

乍一看，想象力和心理重构之间的联系并不明显。这是因为我们通常不认为想象力是一种应对或解决问题的工具。但是，当我们将要重构一种场景——为了以一种不同的方式体验它的时候，我们的想象力是起作用的。当然，这并不意味着我们正在设法逃避这种场景，这仅仅意味着我们正在尝试对它进行不同的思考。从短期来看，想象性的重构有助于平息——而不是消除——可能从这种经历中产生的伤害或痛苦。从长远来看，这有助于获得成长和学习的机会。

比尔从小就学会了如何锻炼想象力。他曾看过他的父亲制作家具，看过他的母亲缝制华丽的衣服和毯子。比尔在孩提时代就制作过飞机模型，构思过简单的连环画。等到成年以后，比尔也乐于用他的想象力来制造家具，就像他的父亲曾经做的那样。

在童年时期培养想象力十分有益，不过在成年期也可以很容易地塑造和强化想象力。想象力就像肌肉，要想让它更强，就必须锻炼它。就像比尔一样，在我采访过的那些有着顽皮情商的人们的生活中，我发现了这样一个事实：花时间锻炼自己的想象力——做一些看似毫无成效的事情，或者只是进行简单过时的娱乐——在我们需要重构一个紧张的场景或解决一个富有挑战性的问题时，会有很大的帮助。换句话说，锻炼想象力的活动（比如阅读小说、绘画或玩富有想象力的游戏），在我们最需要想象力的时候，能增强我们的想象力。

* * *

希拉的母亲年轻、单身，几乎无法照顾自己，更不用说照顾一个不想要的孩子了。她把希拉从医院直接带到希拉的外祖母家，然后就离开了。希拉的外祖母——一位古怪的美国印第安老人，也不适合抚养一个孩子。在嫁给了一位新英格兰渔民后，她沉浸在自己的世界里，一个没有空间留给婴儿的世界。希拉常常无人照料，被禁锢在婴儿车里。她过上好日子的机会似乎十分渺茫。

当希拉还是个小孩子的时候，她会脱下尿湿的尿布，躺在婴儿车里发抖，直到有人来到她身边。她还记得在她试图入睡时，会感觉到虫子在她身上爬行。但是她也会回忆起，即使在这样早的生命初期，她也曾漂流到一个想象中的、更美好的世界中去。通过在脑海中玩游戏，她能够在噩梦般的生活中找到暂时的安慰。

后来，政府强制希拉与她的母亲及两个姐妹生活在一起。希拉仍然不受欢迎，她被留在母亲朋友家潮湿的地下室里。住在地下室的时候，她被一只老鼠咬了脸，进了医院，并留下了一条从左眼下方延伸到下巴底部的疤痕。

希拉的母亲常把她和她的姐妹们留在家里。一天下午，房子着火了，消防员们争分夺秒，将这三个没有干净衣服穿、光着身子坐在烟雾缭绕的卧室里的女孩救了出来。希拉的母亲最终因抢劫入狱，政府将这些女孩转移到孤儿院，她们开始在寄养家庭之间辗转。

其中一个寄养家庭的情况很好，但是这个家庭中的父亲去世了，所以女孩们被带走了。另一个家庭冷酷无情，在言语和身体上虐待希拉的妹妹将近一年。当官方询问是否有人在骚扰或伤害她们时，极度惊恐的女孩们保持了沉默，作恶者则在门外偷听。当希拉长大后，她变得更加顽强，鼓起勇气给这个家庭写了一封匿名信，说警察很快就会知道虐待的事。当没有人承认写了这封信时，希拉被送到地下室关了三天。

与此同时，希拉的想象力变得越来越强。当生活在城市时，她从高楼的楼顶跳到另一个楼顶，假装能够飞翔。当生活在郊区时，她爬上小山丘，还冒险进入森林。她在山坡上挖了一个小洞，在洞里时，她变成了一个小精灵，周围旋转着神奇的世界。在希拉和她的姐妹中，她成了一位精灵公主。

读三年级时，希拉的老师断定她“文盲、愚蠢，是一个低能儿”，但实际上她患有读写困难症。幸运的是，希拉的高中美术老师让她接触了油画，为她开辟了一个新的、有创造性的世界。希拉在油画和素描中寻找慰藉，将她那平静的、充满想象力的世界映射在艺术中，而不是黑暗的过去。在那里，她不仅是精灵公主，还是一位战士，一名滑冰运动员和一位艺术家。

希拉想上大学，这是她的家庭里从来没有人做过的事。但她没有钱，所以决定嫁人，找个丈夫养活自己。她找到了一个适合这个角色的男人，并在三年内生了三个女儿。不幸的是，她的丈夫失业了，并且债台高筑。生活的压力破坏了他们的关系。当第4个孩子，他们将要命名为鲍比的儿子在出生不久后死亡时，他们的关系崩溃了。她的丈夫搬走了，留下一贫如洗的希拉和她的女儿们住在一套没有热水的公寓里。

希拉试着用每个月40美元的社会福利照顾三个女儿。但是最终，她知道她必须发起一场运动。在20世纪60年代末，美国社会发生迅速变化的时候，她与一群母亲联合在一起，开始为母亲的权利而战。她在国会面前为穷人的需求辩护，战士的声音已经从她的想象转移到了现实世界中。

希拉的政治激进主义不仅仅给她带来一种使命感，也向她表明，尽管悲惨生活一直持续，她也依然要过下去。她可以选择打起精神积极地向前走，也可以选择沉浸于遗憾和自怜中。最终出现的是精灵公主——那个坚强、富有想象力、乐观和自信的精灵公主。她的女儿戴安还记得希拉是如何毫不畏惧地和她一起跳跃着穿过停车场，或者在公共汽车上用自创的语言交谈。不管她们在经济上有多紧张，希拉总能为给她和女儿带来欢乐的舞蹈课或短途郊游留出余钱。

在 30 多岁时，希拉终于上大学了。然而正当生活开始走上正轨，她却迎来最大的挑战。在 35 岁那年，大学四年级的时候，她的医生打电话告诉她乳房 X 线检查的结果。“我有一些坏消息。”医生说。活组织检查证实是乳腺癌。

悲痛欲绝之中，希拉选择了一种相对新型的治疗方式，这种治疗方式在当时几乎没有科学性的支持：一种双乳房切除术，紧接着还要进行乳房重建。她将在医院里度过极度痛苦的两个月，还要忍受多轮化疗。她想：“我不认为我能活下来。我认为我就要死了。我认为我想要去死。”她问道：“为什么我沦落到这种地步？为什么上帝要这样对我？”她没有答案。

在因否定、愤怒和沮丧而持续消极一段时间后，希拉恢复了一些精神和体力，不知为什么，她又找到了内心之中的精灵公主。她决定完成大学学业。为了弥补在治疗过程中耽误的学习，她在一个学期内修了两个学期的课程。正如希拉所预见的，她没有任何时间去担心她的乳腺癌。她将完全凭意志力坚持下去，同时尽最大努力做一位好母亲。

令人惊讶的是，希拉完成了她的学业，并且顺利毕业了。她记得很清楚，大学毕业后的那个夏天，她在大西洋海岸度过了一个美好的假期。午后，当沙子没过她光溜溜的双脚时，希拉却觉得自己站得出奇的高，同时为她那手术后重建的身体感到骄傲。她深深地吸了一口气，然后呼出来。希拉没有带着绝望的心情看待她充满挑战的生活和突如其来的疾病，她意识到愤怒或沮丧只会伤害自己。在那一刻，她做出了一个至关重要的决定："我将享受我生命中的每一个最后时刻。"

从那时起，希拉开始带着一种冒险精神继续她的生活。她开起了车，这让她住在缅因州的妹妹大吃一惊。她总是现身机场，坐飞机去任何她能去的地方。她去欧洲旅游，走过西班牙的鹅卵石街道，看过古罗马的遗迹。她和女儿们乘船游览，与孙子孙女们共享天伦乐事。她还学会了划皮划艇。她主动与人交往，结识了一些新朋友，渴望了解他们的生活。希拉很高兴她还活着，她采取了一种顽皮的态度，将自己从对过去的遗憾和对未来的恐惧中解放了出来。

然而意外再次发生，就在她的脚步刚要迈回春天的时候，刚过60岁的希拉又开始感觉到身体里时断时续、无法摆脱的疼痛。她的主治医生要求她做X线检查。检查结果显示，在她左肩的骨头上有一个相关的问题区域。CAT（计算机轴向断层成像）检查发现，她的全身骨骼发生多处病变，活检证实为转移性乳腺癌。

听到这个消息时，希拉和她的女儿们一动不动地坐在肿瘤医生凯利·斯普拉格博士的办公室里。希拉还有多少时间？斯普拉格博士不愿给出虚假的希望，便告诉希拉和她的家人：有些人活了 5 年之久。她的女儿们转身看向希拉，本以为会看到希拉哭泣，但是希拉只是列出一个她还想做的所有事情的清单：绘画，写作，旅行，活着，给予，爱，分享，教导。希拉也想把她生命中学到的重要一课传授给她的家人："试着让事情变得轻松些，去过比现在更轻松的生活。如果你没有这样做，你最终会伤害到自己。"

希拉拒绝让自己被转移性乳腺癌打倒，她通过一系列治疗来延缓病情发展、减轻痛苦。第 5 年，她的脑部核磁共振成像显示，她的脑组织中也出现了癌细胞。医生建议她采用伽马刀手术的方式，将目标剂量的辐射送往癌细胞。大多数接受伽马刀手术的人都会非常害怕，但希拉很勇敢。手术结束一段时间后，她因大脑的某些区域被重新激活，以使手指和脚趾恢复活动而笑容满面。

在过去的几年里，希拉又遭遇了其他困难，包括患了一次脑卒中和最近因癌细胞扩散而接受的子宫切除术。但不知为什么，她还能保持她那顽皮的表情。现在已经 70 多岁的希拉，有时会因为自发的古怪姿态和对刺激与冒险的寻求而激怒孩子们。"不，妈妈，你这个年纪不能学习高空跳伞！"有时她会听从，这取决于欲望的强烈程度（她还没有开始接触跳伞），而有时她不会听从。她的女儿们把她比作一个坐在汽车里兴高采烈地欢呼着的 4 岁小孩："哦，天哪，看那个邮箱！他们改变了邮箱的形状吗?”“一件红色的毛衣！你穿红色的毛衣看起来特别棒!”

希拉调皮捣蛋的能力真是不可思议。人们可能会以为，在她那老练的微笑和那双柔和的、晶莹剔透的眼睛背后，有一丝悲哀在愤怒和沮丧的余烬中隐隐燃烧。但这根本就不存在。这 12 年来，希拉忍受着转移性乳腺癌的折磨，用丰富的想象力重构了她的整个生活。

也许没有人比斯普拉格博士更了解希拉有多不寻常。当被问及她的情况时，斯普拉格博士指出，在被诊断出癌症 24 年后，希拉的癌症才复发，癌症复发这么晚的人非常罕见。同时，伴随骨转移活了 10 年以上的病例虽不是闻所未闻，却也极为罕见。斯普拉格博士明白当一个人的癌症在稳定后继续发展时，通常会发生什么情况。这一冲击因素（癌症的复发）常常会粉碎这个人之前建立起来的所有希望。然而，希拉泰然自若地接受了每一次新的复发和并发症。以下是斯普拉格博士的描述：

> 希拉确实重构了她的生活。我不能用科学来证明这一点，但我觉得心态至关重要。希拉是一个极其顽皮的人，她活得轻松又愉快……不是一位“黛比·唐纳”[①]。她非常关心她的孩子和孙子孙女，不会错过假日、生日和婚礼。她的创造力是她的发泄途径。

① 黛比·唐纳（Debbie Downer）：意为令人沮丧的人。美国喜剧综艺节目《周六夜现场》中一位虚构角色的名字。——译者注

她甚至给我织了帽子和围巾，这些对她来说都是快乐的事情。她没有拒绝承认自己的病情，癌症是她生活中的一项重要内容。

医生们必须要小心，即使患者无法在患病后保持一个好的心态，也不要让他们感觉自己过得不好。不过我强烈感觉到，那些有良好心态的人，那些能够积极向上的人——虽然他们不可能一直积极，如果能在更多的时间里用那种积极的精神态度去生活，他们的体验会更好。这可能不会改变他们身患癌症的事实，但会改变他们的体验，改变他们与癌症共存的方式。这些有着积极态度的病人即使最终死于癌症，但他们却拥有一种好得多的体验。希拉就是这种人的典范。

我会告诉其他病人，活得久一些是有可能的，因为这是真实的，因为希拉做了这件事，并向我展示这件事可以被做得很好。她从癌症中活了下来。

希拉，就像比尔和其他运用顽皮的想象力特质，来重构自己生活体验的伊利诺伊州贝尔公司的员工一样，她知道压力是不可避免的。在某种程度上，通过富有想象力的重构来应对压力，而不是试图完全逃离压力，是一种更能达成自我满足的生活方式。

生活继续向希拉提出一个又一个挑战。虽然她现在认识到有很多事情不能做，但她会专注于自己能做的事情。希拉娴熟运用她的想象力进行重构，在自己周围撒下一点点顽皮的尘埃，使她的世界和身处其中的每一个人都变得更好。希拉的女儿戴安说得最好：

> 我想我妈妈被安排在这里，是为了给那些黑暗的角落增添一缕阳光。她是我认识的最坚强的女人之一，她的脸上总是带着一抹微笑。她用想象力来应对问题，处理事情，克服困难。她把事情往好处想的这种心态，真的会让事情变得更好。

* * *

理解运用想象力重构的神经科学原理，有助于解释为什么它的功能如此强大。当你用想象力来重构场景时，大脑的左侧前额叶皮层就被激活了。这个区域就像一个思维画板一样运作，描绘着并不存在于你当前环境中的信息。当这个画板打开时，大脑其他区域的活动——特别是那些控制情绪的部分——就会受到抑制。这会让你在充满压力的环境中保有活力，而不是被有可能出现的具有挑战性的情绪压垮。

在神经元层面，当你的想象力进行重构时，赫布[①]的神经科学定律正在被颠覆——这是件好事。这条定律认为：同时被激发的神经元会连接到一起。这意味着，如果你总是用同样的技巧来解决问题，或者总是通过同一个陈旧且常规的框架对场景进行评估，那么你大脑中的那些连接就会变得僵化。换句话说，如果你总是用恐惧来面对困境，

① 唐纳德·赫布（Donald Olding Hebb）：加拿大心理学家，认知心理生理学的开创者。——译者注

那么困境就会在你的大脑中连接恐惧情绪。而富有想象力的重构能够打断并有助于解除这种连接。

亚历克斯·奥斯本[①]在1953年的《应用想象力》(*Applied Imagination*)一书中首创了"头脑风暴"的概念，在很大程度上，它与富有想象力的重构是一对优良组合。奥斯本描述了两条对于高品质头脑风暴来说至关重要的原则：①延迟判断；②数量重于质量。这些原则同样适用于富有想象力的重构。当我们试图重构生活中的一个艰难的场景时，重要的是，不要去批评用想象力绘制在思维画板上的任何架构。批评和判断会强化恐惧性情绪，也就是那些我们试图通过更丰富的重构来减弱的情绪。它们还将限制我们所能产生的架构的数量，导致我们退回旧有的连接。

安妮特·普雷恩，一位社会学家和重构科学研究者，开发了一种名为"架构风暴"(framestorm)的模型，以促进重构技巧在日常生活中的应用。安妮特提倡，为了成为一个更好的重构者，无论何时，当发现旧有的架构与不健康的情绪纠缠在一起时，都需要发起一个架构风暴来打断旧有的神经连接，锻造出新的神经连接。

像奥斯本的头脑风暴一样，架构风暴的关键在于"只管继续前进"——不论你的想象力正在创造多么稀奇古怪的架构。安妮特阐述得很好："当这场重构的头脑风暴开始时，个体将温和而顽皮地暂停总

① 亚历克斯·奥斯本(Alex Faickney Osborn)：创造学和创造工程之父，头脑风暴法之父，美国BBDO广告公司创始人。——译者注

是被激发的神经连接，并将注意力转移到能够引发智慧且有建设性的替代选择上。”换句话说，架构风暴不仅仅是跳出盒子去思考，也是创造一个全新的盒子，然后再创造一个又一个新盒子。

安妮特还指出，架构风暴像头脑风暴一样，提倡延迟判断——但仅仅是暂时的。最终，当一个人要选择对哪些重构给予特殊关注时，他必须自己判断。

安妮特分享了凯文——一家银行经理的故事，来举例解释架构风暴。凯文发现自己一想到有人可能抢劫他的银行，就会异常惊恐，特别是他同样在银行工作的妻子亲身经历了一场抢劫之后。凯文的极度恐惧使他处于转行的边缘。所以，安妮特带着凯文排演了一场关于抢劫的架构风暴。

这场架构风暴以凯文重构一场抢劫为开始。在这之中，凯文不仅要把抢劫视为一个威胁，还要把它视为一个帮助他人、调整生活的机会，并牢记生命的脆弱。随着重构的进展，凯文认识到，从一个纯粹的统计学观点来看，一场抢劫通常以员工平安回到他们的家中和家人身边为结局。他通过了解抢劫这个架构，增强了对经历过创伤之人的同情，从而理解了抢劫。他认识到，抢劫是一个绝望的人对于“美好生活”的（错误的）希望。他放飞自己的想象力，把抢劫看作一场地震，并说道：“抢劫会让你发抖，但地球不会因此破裂。任何地点、任何时间都可能出现意想不到的情况。”

在这次架构风暴之后，面对银行可能发生抢劫案这件事情，凯文变得平静很多。他甚至告诉安妮特，富有想象力地重构像抢劫这样的极端事件，提高了他在生活中更广泛的层面上使用重构的能力。

另一种利用神经科学看待重构的方式，是通过了解心理学家亚伯拉罕·卢钦斯[①]在1942年进行的经典实验——“水瓶实验”（The Water Jar Test）。在实验中，研究对象被分为两组。每组有同样的3个广口瓶（A、B、C），每个广口瓶分别容纳不同的、固定的水量。然后，卢钦斯分别给了两组人第4个瓶子（瓶D），并要求他们注入指定容量的水。对于瓶D，指定给第1组的解决方案只有一种。例如，假设瓶A能够容纳21个单位的水，瓶B能容纳127个单位，瓶C能容纳3个单位。要用100个单位的水装满瓶D，唯一的解决办法是用水完全装满瓶B，然后倒出足够的水来装满瓶A一次和瓶C两次（127−21−3−3=100）。只能用一种解决方案处理指定水量的影响是，第1组潜意识地偏向于仅使用B−A−2C这种解决方案。相反，第2组被允许使用多种解决方案，因此他们没有偏向于使用B−A−2C这一解决方案。当第1组中的测试者被指定用容量为15个单位、39个单位和3个单位的瓶子得到18个单位的水时，他们使用了更为麻烦的B−A−2C（39−15−3−3=18）解决方案，而第2组选择了更为简单、更有效率的A+C（15+3=18）的解决方案。

---

① 亚伯拉罕·卢钦斯（Abraham Luchins）：美国第二代格式塔心理学家，是研究“问题解决”和“产生式思维”的先驱，对思维、感知、判断、教学以及社会心理学等方面都有研究。——译者注

卢钦斯把这种现象称为“定势效应”（einstellung effect）。Einstellung在德语中的意思是“设置”（setting）或“安装”（installation）。定势效应指的是基于以往经验解决问题的倾向，是一种机械式思维状态的发展——即使存在解决这个问题的更好方法。在解决新问题时，定势本质上是早先经验带来的负面效应。

如果太依赖于用过去的经验解决问题，我们就会让总是同时被激发的大脑连接继续处于同一状态。我们就是这样陷入了僵局。但是当运用想象力来重构一个问题时，我们打开了思维，打开了连接，能够用一种新的方式看待这个世界。这是在邀请身体内的流程做点稍微不一样的工作，来帮助我们更好地运行，同时让我们从压力源中得到学习和成长。

接下来我们将看到，除了重构之外，顽皮的想象力特质还支持另一种心理现象——它的关键在于我们如何理解他人。

* * *

共情是我们创建、构筑、深化和维护健康关系的最有力的工具之一。当我们考虑去共情另一个人时，尽管想象力不是出现在我们脑海中的第一个东西，但它实际上是共情的种子。当我们运用想象力和别人换位思考时，我们能够更好地理解对方的处境，并与之建立更深层次的联系。

这是另一个主题，就像重构一样，在我对那些拥有顽皮智慧的人的采访和观察中一次又一次重现。顽皮的想象力特质帮助我们达成一种共情的心理状态。想一想会发生什么？如果你在与某人交流的过程中不断地问自己："这个人现在感觉如何？他在心理和情感上处于什么状态？"你的想象力便会燃烧起来！或许你会筋疲力尽，你们之间也可能不会达成最好的交流，但是在交流之前及交流的过程中花几秒钟时间，站在别人的立场上想象一下，就可以为互惠互利的交流体验奠定基调。

因此，如果顽皮的想象力特质以重构和共情作为主力，那么最大的问题是，是否有证据表明，锻炼想象力就像锻炼肌肉一样，当一个人需要重构或共情的时候，这种锻炼可以为之做好准备？

1977年，苏珊·弗兰克，美国马里兰大学的一位年轻的心理学家，对这个问题进行了调查。她注意到，一些通过白日梦之类的幻想来锻炼想象力的客户，似乎更容易与他人共情。作为一名狂热的幻想家，她设计了一项研究，以确定幻想是否与共情能力有关。她的发现证实了她的假设：人们可以通过幻想来锻炼想象力，进而提高共情能力。

弗兰克的研究中有一个例子，一个来自美国南方的非洲裔学生正在努力适应以白人为主的常春藤联盟文化。弗兰克给她的学生们布置了一次幻想训练，在训练中，她让学生想象他们独自一人处于人群之中。这位非裔学生想象自己身处一个大学派对中，坐在角落的行李箱上。在这个情境中，他想象出聚会中的一个白人学生，他认为这个白人学生从来没有考虑过与像他一样的非裔同学说话。但之后，由于先前接触的幻想训练，他改变了自己的想法，想象他自己站在白人学生的立场上。他想象这个白人学生对自己的看法：他太过沉迷于自我的世界以至于不能融入这个团体，总之，他可能不喜欢我们。

其他参与者倾听了这个非裔学生描述的幻想。当他睁开眼睛时，看到他们脸上露出了惊讶的表情。的确，他们认为他太过沉迷于自我，以至于不能成为这个团体的一员。随着研究的深入，这个非裔学生成了小组的领导者，来帮助其他学生更坦诚地表达自己的感受，不做评判地理解别人的看法。

阅读小说是锻炼想象力以增强共情能力的另外一种方式。雷蒙德·马尔，加拿大多伦多约克大学的一位社会心理学家，研究了小说读者如何拥有更强的共情能力。在一项被命名为“书虫VS书呆子”的研究中，他发现读小说的人比读非虚构类书籍的人有更强烈的共情感受。马尔总结道，不能将这种影响归因于年龄、语言经验或智力，阅读大量小说的“书虫”，很可能是通过模拟他们正在阅读的故事中描绘的社会经验，来缓冲人际交往不足对他们的影响；而另一方面，阅读非虚构类书籍的“书呆子”几乎完全不会去模拟社会经验，因此可能无法获得现实世界中需要的社交技能。（事实上，如果你是一个正在阅读本书的“书呆子”，我非常鼓励你继续阅读，但也许你可以考虑在床头柜里增加几本小说！）

亚历克斯·奥斯本在他的《应用想象力》一书中，也支持“想象力—肌肉”这个比喻。他推荐把旅行作为锻炼想象力的另一种方式。

不必去某个有异国情调的地方，旅行目的地甚至可以在你生活的镇子里。但它应该是一个“不同寻常”的地方，同时这种体验应该以“原生态”的方式进行。他还建议做一些快速而简单的训练，比如剪接卡通画或漫画，删去原创的说明文字，重写故事；用不到 100 字的篇幅，写一个原创故事的提纲。

总而言之，当想象力得到了锻炼，它就会在未来的情境中变得更强，比如当我们需要将不幸的经历重构为机遇，或者共情朋友或敌人的时候。当我们意识到活跃的想象力会带给我们出乎意料的好处时，我们将开始以一种不同的、全新的眼光看待它和我们自己。

* * *

乔西的母亲和父亲都是酒鬼，而她 15 岁时也开始跟着酗酒。乔西的酒瘾从偶尔喝啤酒开始，后来成为喝伏特加这种烈酒。直到高中毕业那一年，她几乎每天都在喝酒。

乔西总算毕业了，同时离开了家。她在隔壁镇子上找了一套单间公寓，开始在不同的服装店工作。她通常能在每家店待上一年左右，然后要么因为迟到，要么因为酗酒而被解雇。但是，乔西对她的工作很在行。她热爱时尚，喜欢帮助人们找到合适的衣服。

在快 30 岁的时候，乔西在舞蹈俱乐部遇到了一个男人，他们一见钟情。他在建筑行业工作，而且也喝酒，但没有她喝得那么多。两人结婚并有了一个叫艾丽西亚的女儿。艾丽西亚出生后的头两年是乔西最美好的时光。她的饮酒量减少了，还保住了一份工作。她的婚姻似乎改变了她的生活。

但当乔西35岁时，她的酒瘾加重了。她寻求过“匿名戒酒互助会”的帮助，但始终无法摆脱酒精的控制。她的朋友开始和她断交，她的丈夫提出离婚，并得到了艾丽西亚的完全监护权。法庭命令乔西接受密集的酒精康复治疗，并允许她与艾丽西亚定期见面。

康复治疗有点奏效，但乔西总是故态复萌。她经常因喝酒把自己送进医院。她的肝脏由于多年的酗酒而受损，胰腺经常会急性发炎，导致上腹剧烈疼痛。她有时需要住院一个星期甚至更久，吃得很少，直到胰腺炎症消退下去。

到37岁时，乔西基本上失去了所有东西——除了她的酒。

与之相比，梅甘则幸运地拥有一对好父母。她和乔西一样，也是在一个小镇长大的。梅甘的母亲和父亲并不酗酒，他们勤劳而慈爱，尽一切可能让梅甘成长为一个快乐并且有责任感的成年人。他们并不完美，但是每次当梅甘在学业上受挫、在运动会上失利或者经历了一段失败的恋情，当她需要投入他们的怀抱时，他们总是在她身边。

梅甘并不擅长标准化考试，但她用勤奋弥补了这一点，这帮助她在高中取得了好成绩。最终梅甘以优异的成绩毕业，随后就读于美国东海岸一所名牌大学，主修生物学。

梅甘决定成为一名医生，并向全国20所医学院提交了申请。她收到几所大学的录取通知，最终选定了一所靠近本科院校的学校。梅甘把学医看作一个机会——在她追求对科学的热爱的同时，还能够帮助他人。

从学业上讲，梅甘是一个中等偏上的医学生，但在对待病人的态度上，她在班上名列前茅。她总是热情地与她的病人保持联系，使他们感受到温暖与关怀。梅甘的一位导师曾经描述，她的方法就是“轻松和自然”。

从医学院毕业后，梅甘开始在内科做实习住院医师。她认为，成为一名内科医生能让她与病人建立持久的关系，并发挥自己在临床方面的天赋。尽管之前梅甘的父母为她的成长提供了保障，帮助她取得学业上的成功，但梅甘在住院医师实习期间依然过得很艰难。做一名医生比预料中困难得多，她因此深受困扰：那些病入膏肓而她却无力救治的病人；那些因吸烟、酗酒和暴饮暴食而使自己患病的病人；在医院里工作的时间太长；缺乏时间来培养医学之外的个人兴趣。她觉得自己在医院病房里，就像一个没有经验的厨师，遵循着给想象力和医学艺术仅留下一丝空间（如果有的话）的医疗食谱。

虽然她当时并没有完全意识到这一点，但在即将结束住院医师实习时，梅甘陪伴病人的能力已经严重退化了。住院医师的实习经历使她熟悉了疾病的诊断和治疗，但与此同时，她对待患者的同情心和仁慈也减少了。梅甘希望，当正式开始工作的时候，她对医学的热情会回来。

梅甘作为实习住院医师的最后一次夜间值班在 6 月底。她和她指导的实习生刚刚一起吃过晚饭，准备核对一遍她们负责的病人名单，这是实习生和住院医师讨论已入院病人的管理和治疗方案的时间。在这之后，住院医师会巡视还没有见过的病人的房间。这些病人通常病情稳定，因为住院医师会与实习生随时查看病情不稳定的病人。

这晚的值班时间过得有点慢。梅甘和她的实习生只有 4 位入院病人，其中两位需要梅甘查看。第一位是那天早些时候在家里摔倒的老人。不知他是晕倒的，还是被家里的地毯绊倒的，但他的化验和心脏检查结果让人安心。梅甘进了他的房间。他正坐在床上吃着晚饭，同时在观看电视上的棒球赛。梅甘简单地介绍了自己，然后告诉他晚上的治疗方案。这是一次短暂的拜访。

然后梅甘朝楼梯间走去。第二位病人的房间在楼上。当梅甘爬楼梯时，她阅读了她和实习生在核对病人名单时所做的笔记：

> 女性，37 岁。从 15 岁起滥用酒精。早期肝硬化，入院时伴有上腹疼痛。急性酒精性胰腺炎，同一病因多次入院。饮酒频繁。离婚，有一个女儿。流食，疼痛控制。
>
> 姓名——乔西。

梅甘敲了敲门，走进乔西的房间。

“我是您今晚的住院医师，我叫梅甘。我想您见过我的实习生了。”

“您好，我是乔西。是的，她说您会来的。”

梅甘坐在乔西床边的椅子上。

她本以为这也是一次短暂的拜访，她已经期待着回到值班室了。

“您的身体还疼吗？”梅甘问。

“还疼，但不像今天早上那么糟了。”乔西说。

“您从高中时就开始喝酒了？”

“是的。”

“您知道酒精正在毁掉您的肝脏和胰腺，对吗？”

“我知道。”

“您真的不能再喝酒了。”梅甘强调道。

乔西低头看着自己的手。“是的，他们就是这样告诉我的。”

梅甘凝视着窗外。她没有精力去思考乔西处于什么样的心理状况，她也无法想象乔西的生活会是什么样子。她指责乔西喝酒，这使她在心理上避免了与乔西建立联系。

梅甘站了起来，准备离开乔西的房间。突然，她听到门外传来一个小女孩的声音。

“妈妈！妈妈！”

梅甘转过身来。站在门口的是个可爱的 8 岁女孩，她有着一头浅棕色的头发，还有一双淡褐色的眼睛。她正在微笑，手里还拿着一张纸。

“您是我妈妈的医生吗？”女孩问道。

梅甘清了清嗓子，回答说：“嗯，是的……是的，我是他们中的一员。”

“我是艾丽西亚。”女孩说。她向梅甘挥了挥手，梅甘也向她挥了挥手。

“真的是你吗，艾丽西亚？”乔西叫道。

“是的，是我！”艾丽西亚奔向乔西，爬上她的病床，然后给了她一个大大的拥抱。

“是爸爸把你带到这儿来的吗？”乔西问道。

“是的，他在过道对面的候诊室大厅里。”

“代我向他道谢，好吗？”

艾丽西亚递给乔西一张纸，乔西的眼睛开始湿润起来。

“妈妈，中间那个人是你。你处在一场风暴中，但你看……”

艾丽西亚指着照片的右上角。

“有些阳光从云层中露出来。你会挺过去的，妈妈。”

艾丽西亚用彩色铅笔画了她的肖像。乔西处在这页纸的中间，被黑色和灰色的阴云笼罩着。页面上为数不多的彩色是右上角的一缕黄色，以及艾丽西亚画在乔西连衣裙上的一些绿色、粉红色和紫色（艾丽西亚知道她妈妈喜欢时尚）。乔西用手指抹掉眼睛里的泪水，然后和艾丽西亚依偎在一起，继续聊天。

梅甘悄悄地溜出房间，走回值班室。回去之后，她关上了身后的门，然后深深地呼了一口气。这是她值班的最后一晚。她坐在床沿上，低头看着地面。人们可能会认为，梅甘因为这是她最后一晚而感到快乐、如释重负，然而事实并非如此。她一直在想着艾丽西亚的画。用这幅画，艾丽西亚完成了所有梅甘没有做到的事。艾丽西亚画出乔西单独一人被一场暴风雨包围的场景。这就是艾丽西亚眼中的乔西：孤身一人，也许情感上也很孤独。同时，这个人处于恐惧之中——这种恐惧在一个 8 岁孩子的头脑中相当于一场暴风雨。太阳在艾丽西亚这里是希望的象征。她希望乔西（或许是她自己）相信未来的日子会更好。通过运用想象力，艾丽西亚理解了她妈妈此时的感受，并给了她某种希望。

通过想象力来共情，再加上一点点希望——医学不会比这更简单了，梅甘想。

她在值班室里快速收拾了几件东西，然后走回乔西的房间。乔西仍然醒着，艾丽西亚和她的爸爸刚刚离开。梅甘敲了敲门。

“请进。”乔西说。她抬起头，看到了梅甘脸上严肃的表情。“一切都还好吗？”乔西问道。

“是的，一切都很好，”梅甘说，“好吧，有一点事。我回来是因为……因为我之前没有说再见。我也从来没真的跟您说过您好。我想更多地了解您的故事，如果您愿意和我分享的话。”

乔西很激动，原来真的有人想要倾听她的故事，不带有色眼镜。在接下来的一个小时里，她们聊了聊乔西的生活。结束后，梅甘感到很惊讶，她竟然在乔西的地板上睡了一小时。

当梅甘的寻呼机在清晨时分响起时，乔西微微动了一下，但没有醒来。梅甘安静地收拾着她的东西。在将要离开房间的时候，她注意到乔西的床头柜上有一张艾丽西亚的相片。

“谢谢你，艾丽西亚。”她小声说。乔西睡得很安稳，梅甘悄悄地离开了房间。

轻松锻炼想象力

● 重构准备

这里有一些技巧来帮助你练习想象力中的重构能力：

· **不带偏见地留意你的想法**。这是一个值得拥有的好习惯，无论你是否正在重构某些东西。花点时间留意你的想法，当它们像天空中的云朵一样经过时，观察它们。有某些想法重复出现或在附近徘徊吗？客观地考虑你的想法，不加分类或批评，试着将附着其上的情绪剥离出去。一个很好的方法是大声说出你的情绪。当你试图利用想象力来重构时，倾听描述你的情绪的话语，有助于训练你的大脑将想法与情绪分离开来。

· **检查你的压力源**。有时，即使你已经从情绪中释放了你的想法，这些想法仍会像一群在赛跑的马，奔驰着想要做最后的冲刺。这通常发生在你应对大量的压力并试图快速解决它们时。你可能无法思考事实上发生了（或没有发生）什么。感觉到的压力是真实存在的吗？有没有潜在的误解？有什么真的受到了威胁吗？这种情况能有什么改变吗？问问自己这些问题，将有助于思想之马返回初始的闸门。

· **选择你自己的奇遇。**下一次面对尝试重构的处境或经历时，请假装自己正在写一本叫作《选择你自己的奇遇》的小说。首先，想象可能使小说中的情节变得糟糕的两个方向，并详细描述你认为更糟糕的那个。然后，想象会使小说中的情节变好的两个方向，并把更好的那个情节编造为稍微错综复杂的故事。试着把幽默融入你的故事中。试着在你创造的糟糕故事和好故事中，找到一些乔装的祝福和玫瑰丛上的刺尖。这样做可以提醒你，所有的事情都有利弊，从而帮助你在重构的时候约束你的情绪。

● 共情你的敌人

想象自己站在一个和你有冲突的人的立场上，这似乎是你最不想做的事情。但是，共情你的“敌人”，可能是解决问题的关键。

第一步是把自己真正想象成另一个人，考虑他的特殊处境。是什么驱动着那个人的情绪？尽可能准确地还原这个人的镜像：假想他的身体姿态、姿势、音调、手势和面部表情。从那个人的角度，你会如何看待你自己？

下一步是意识到你可能面临的三个陷阱：

· **忽视你的敌人对于和平的渴望。**你可能很容易忘记，你的敌人和你最终想要的是同样的东西——和平。想象自己是那个人，问问自己：“我真正想要从生活中得到什么？”你很可能会想出和你自己的想法类似的答案，如人身安全、社会安全和爱。这些基本的人类需求常常驱动着导致冲突的恐惧感。有时候，意识到某个人对于和平的渴望，足以缓解紧张的局势。

· **忽视你的敌人对于被攻击的恐惧感。**当受到攻击时，无论是在心理上还是生理上，人们都会开启防御状态。猛烈回击似乎是唯一的选择。作为你的敌人，问问你自己："我在害怕什么？"你害怕受到攻击吗？把你自己看作攻击者，当你站在那个人的立场时，你正在采取的什么立场对你的敌人构成了威胁？

· **忽视你的敌人可以理解的愤怒。**你仍然处在自己的愤怒沸点吗？试着站在对手的立场上，感受对方的愤怒。这一点用在与家庭成员或朋友的相处上，会发挥出特别好的效果。在争吵时，通常某个人只能看到自己这一方。把自己想象成你的敌人，问一问自己，为什么你这么愤怒。

● 多好的做白日梦的日子啊

在高中化学课上开小差被训斥了一顿后，你可能会告诉自己，让思想漫游是在浪费时间。然而，白日梦除了帮助你培养共情能力，还能改善记忆力、巩固学习能力并提升创造力。为了优化白日梦的质量，你首先需要意识到，白日梦和其中包含的想法可能是消极的，也可能是积极的。为了使你的天平向积极的一方倾斜，请尝试以下内容：

· **重构白日梦。**给你自己许可，让你的思想漫游。花点时间消除与白日梦有关的所有内疚，认识到你这是正在做对自己有好处的事。

· **时机就是一切**。练习的时候，选择一个可以把你的责任暂时搁置几分钟的时间。清晨或者入睡之前可能是你的头脑最放松并且分心最少的时候。

· **先集中注意力**。就像在让肌肉放松之前要先收紧肌肉一样，在让你的思想漫游之前，把注意力集中在某件事情上会很有帮助。试着把注意力集中在你的呼吸上，呼吸 5 次。你可以专注于呼吸时身体内部的感觉，或者把注意力集中在吸气和呼气本身。

· **选择一个主题**。白日梦的主题很重要。有些主题不会有成效（例如你目前没有或将来也绝不会有的浪漫伴侣）。做白日梦不是幻想某个现有或潜在的现实关系会转化为更好的结果。试着做一个关于你一直想经历的奇遇或探险的梦。

甜蜜的白日梦！

第2章

社交能力

珀西·斯特里克兰，于1975年3月26日出生在一个第10代白人佃农家庭里。他和父母及哥哥同住在北卡罗来纳州的一个农场里，该农场位于贫困的斯皮维科纳小镇。他们养了猪，种植各种各样的庄稼，能够温饱，但佃农的收入并不能负担所有开销，每个人都需要做兼职工作维持生计。

随着珀西年龄的增长，他在农场的工作量也在增加。他花很多时间和爷爷卢克·斯特里克兰一起劳作。作为斯皮维科纳小镇最善于交际的人之一，卢克爷爷从来没有遇到过一个陌生人——那只是一位他还不认识的朋友。珀西和他的爷爷一起在田里砍棉花枝。这个工作完成后，他们会开车去商店。珀西总是坐在卢克爷爷皮卡车的车厢里。珀西一头金发，上身穿白色T恤，下身穿牛仔工装裤，斜倚在卡车的边缘，笑容满面地看着穿行而过的田野。

卡车的车厢是珀西的位子，因为卢克爷爷习惯帮助那些需要搭车的人。许多人在卢克爷爷的乘客座位上感受到了慰藉。他总是把乘客看作可能需要被倾听或者被理解的人。

珀西在农场长大，他从很小的时候就认识到了努力工作的重要性。对他来说，进入大学并非易事，但他聪明又勤奋，最终获得了杜克大学的录取通知。他将是家族里第一个上大学的人。

说得委婉些，杜克大学对珀西来说构成了一种文化冲击。杜克大学的大部分学生都不是在贫穷的养猪场中长大的。大多数人出生于中上层阶级的家庭。在大一新生入学的那天，珀西在宿舍里整理行李。他的爸爸，穿着一件深蓝色的工作服，跟在他后面，用一只胳膊夹着珀西的高中毕业礼物——一台迷你冰箱。当两个人把珀西的东西搬到他的房间时，另一位新生的父亲对珀西说："大学的工作人员真能干。我永远都拿不动那个迷你冰箱！"

幸运的是，珀西在杜克大学的社团中找到了归属感。比起隐藏他的背景，或者试图成为一个不是他的人，珀西选择相信他在斯皮维科纳小镇学到的生活经验。他勤于功课，付出了与干农活时同样的努力。就像他的爷爷卢克一样，他把其他人视为自己生活中的皮卡车乘客，平等地对待每个人，向他们显示出一种与他平凡的出身相符合的谦逊感。他将每一次社交互动视为可以帮助别人并与之建立关系的机会。他的朋友们把他看作一个不太重视自己，但是很在意他们的人。带着一种自嘲式的幽默感和顽皮的傻气，珀西开始建立他的人际关系。

毕业后，珀西娶了他大学时的恋人——安吉。两人搬到了弗吉尼亚州首府里士满，这样安吉就可以就读弗吉尼亚联邦大学的医学院。由于不清楚自己的职业道路，珀西加入了里士满大学的校园社团。他知道，在安吉投入医学院学业的时候，社团工作会使他的社交技能得到运用而不至于荒废。但接下来发生的事将给他带来一个惊喜，他与里士满大学一名学生的互动将在很大程度上改变他的人生轨迹。

安迪是一个在读大学生，他很难和别人发展出友谊，在里士满大学过得并不舒服。珀西很疑惑，很难与周围的人建立联系的安迪将如何顺利度过大学生活并完成学业。

珀西想帮助安迪与其他人建立人际关系，特别是那些看起来似乎与他不一样的同学。从本质上讲，他希望安迪在他自己的里士满世界中，成为一个好邻居。但是安迪抛了一个问题给珀西："您的邻居们是什么样的？"

安迪并非试图挑衅，他认为珀西已经和他的邻居们建立了关系。但是珀西没有做到。虽然他和安吉住在里士满较佳位置的一个综合性公寓里，实际上他们还没有认识任何一个邻居。

珀西开始随机地敲开邻居的门介绍自己，但人们却以为他是个推销员。珀西回想起，当他谦逊地向每个困惑的人解释，他只是想更好地了解他的邻居时，很多人的笑声和神情仿佛在说"您是认真的吗？"

在接下来的几周，安迪的问题一直萦绕在珀西的脑海。在顽皮的社交能力方面，珀西有一种惊人的天赋，但他忽视了这种天赋对于成为一个好邻居来说意味着什么。巧合的是，在校园社团的工作中，珀西研究了种族相关问题。他和安吉想知道，他们在少数民族的社区做一个邻居会是什么样子。

接下来，他们离开舒适的公寓，搬到里士满教堂山社区中央一座破旧的希腊复古式联排别墅里。像许多其他美国城市社区一样，教堂山在 20 世纪 70 年代至 80 年代衰落了。非裔中产阶级和大多数白人离开了，留下的只有极少数非裔群体。由于没有金钱、技能有限、几乎没受过教育，该社区的许多居民转而沉迷于可卡因、海洛因和犯罪。约翰·约翰逊，一位前社区协会主席，曾将 20 世纪 80 年代初的教堂山描述为“里士满毒品泛滥的打靶场”。传统保护主义者玛丽·温菲尔德·斯科特在她关于里士满历史的书中指出，到 21 世纪初，教堂山“已沦落到接近贫民窟的地步”。

2000 年夏天，当珀西和安吉搬到教堂山时，这个社区的处境比以往任何时候都艰难。“我们让自己陷入了什么境地？”他们想。在这里，枪声和毒品交易就像家常便饭。一天晚上，珀西听到一连串枪声，紧接着是大声的尖叫。他跑到前门，看见一个男人正往门廊的台阶上爬。枪声还在持续，珀西闪身冲出门，把那个陌生人拉到他家的门廊上，疯了一样大喊：“快打 911！”枪手跳进车里，疾驰而去。忽然间，门廊上的男人站了起来，感谢了珀西，然后离开了。他是假装被枪击中的，为了欺骗枪手，让他以为自己死了。

因为要躲避犯罪事件，还要竭尽全力适应一个新世界，珀西和安吉在第一次来到教堂山的时候并没有与太多邻居联系。然而，他们还是设法与附近的孩子们进行了一些接触。这是从珀西第一次参观比尔·罗宾逊公园开始的，那里是一个社区聚集处，有一个室外篮球场。按照珀西的傻气风格，他将带着他的篮球、农场男孩特有的苍白皮肤和那张并不怎么严肃的游戏面孔到达篮球场。他确保自己知道遇到的每个人的名字，从最年幼的孩子到最年长的成年人。在这样做了几个下午之后，珀西发现人们开始对他热情起来。“P 老兄来了！”他们说。尽管珀西打篮球总是很差劲，但在公园里，他始终享受着游戏的乐趣和轻松。教堂山的人们忍不住开始喜欢他了。珀西视他们为“能够正常交往的”人类和邻居，而不是罪犯。

一场场篮球赛过后，出现了一个令人惊讶的现象：当珀西走路回家时，附近的孩子们会跟着他。他记得他们第一次跟来时，尽管自己已经不止一次说了再见，他们还是咯咯地笑个不停，一路走到他家的前廊。珀西和安吉给孩子们分发了一些食物，还邀请他们玩电动游戏。很快他们就开始不定时地过来。有时珀西和安吉回到家里，会看到 15 个孩子成群地坐在他家前廊上。

一天，一直试图想出一种方法来重构这种场景的珀西对孩子们说：“嘿，各位，也许吃完我所有的食物、玩电动游戏不是你们在这里的最佳选择。”孩子们看看彼此，笑了起来。让珀西吃惊的是，他们和他分享了最近一直在思考的事情：辅导。孩子们问珀西和安吉能否帮助他们做家庭作业。

当晚，这对夫妇讨论了孩子们的请求。为了学习如何成为好邻居，他们已经搬来教堂山，或许这是他们的机会。思考了几个晚上后，珀西和安吉开始敞开家门，为孩子们进行每周两个下午的课程辅导。每周会有 10 到 15 个孩子带着家庭作业过来求助。珀西与他们的联系开始形成，同时开始感受到这些孩子对于学习的真正热情。孩子们享受着自己受到的关注，同时，关于课程的消息很快传遍了整个教堂山。

当这种辅导活动持续到2001年冬天时，珀西认识到，他需要确保玩乐（fun）成为团队体验的一部分。所以，在2002年的情人节，他在当地溜冰场为孩子们和他们的家人举办了一个轮滑派对。孩子们玩得非常开心，但他们的父母却在心里建起了警惕的围墙。就是这个白人闯进了他们的社区，并且正在扰乱他们孩子的生活。虽然如此，珀西还是以友善的态度不断努力着，尽管一次只能拆掉一面围墙。有一次，一位母亲向珀西坦白，起初她以为他是在里士满市工作的卧底警官。她原以为警方正在教堂山进行一次大规模的诱捕行动，安吉则是扮演他妻子的女演员。说到这里，珀西和这位母亲一起哈哈大笑起来。

珀西那天并没有认识溜冰场中的所有人，但这是朝着正确方向迈出的一步。珀西认为，如果他能够不作为局外人，而是作为一个邻居生活在社区中，那么大家就会敞开心扉，同时可能会发生一些不可思议的事情。

辅导活动一直持续到2002年夏天。珀西和安吉的朋友们也来帮忙。他们的规模迅速壮大，同时也经历了一些成长的痛苦。一天，珀西和他的朋友带着孩子们去了国王之城，那是一个离里士满只有30分钟路程的游乐园。珀西知道孩子们从来没有去过那里，而且大多数人都很贫穷，他用房屋净值信用贷款资助了整场旅游。当他们到达那里之后，孩子们却因为害怕摩天轮，仅仅几个小时后就想离开。

还有一次，珀西缺少助教，所以他说："我们去公园比赛踢球吧。"在向40个以前从未参与过踢球比赛的孩子解释了规则之后，珀西把他们分成了两队。事情看起来进展得很顺利，直到一个女孩把一个有问题的界外球踢下一垒线。对方在第一垒的球员粗鲁地喊道："犯规！"珀西还没来得及反应，女孩就向对方队员冲去。混乱爆发了，两队开始互相扭打。幸运的是，这场争吵很快就结束了，大家都平安无事。

尽管一路上有这样或那样的小考验，对于课程辅导，珀西和安吉仍然劲头十足。通过各种各样的活动，珀西继续建设着与教堂山社区居民之间的关系。最终，在 2002 年，非营利性组织——教堂山活动与辅导（CHAT，Church Hill Activities and Tutoring）诞生了。

珀西从来没有想过，安迪那个富有挑战性的问题会促成一个非营利组织的诞生，他也无法清晰地预知未来 10 年 CHAT 将发展成什么样子。如今，CHAT 有 45 名正式员工、数百名志愿者、多个提供辅导服务的家庭、一所幼儿园、一所高中以及近 200 万美元的运营预算。在过去的 13 年中，对于教堂山社区的孩子们来说，CHAT 的存在无异于一个变革。每一个情人节，CHAT 都会以有趣的活动和盛大的聚会来庆祝它自己的生日。每年夏天，这个团体都会去国王之城，因为现在孩子们喜欢上了那里。在 2014 年的夏天，有 200 多名儿童参加这个活动，而许多人一直待到公园关门。至于那场声名狼藉的踢球比赛，它已经成为 CHAT 历史上一个顽皮的片段，被亲切地称为"CHAT 的踢球暴乱"。

当珀西被问及教堂山和 10 多年前他刚搬到附近时相比有什么不同时，他说，无论你走到哪里，都有认识的朋友，人们会更友好地开玩笑，有种每个人都在小心关照别人的感觉，整个社区的氛围都不一样了。最近搬到这个社区的亚历山德拉·弗兰克也有类似的描述："我从来没有经历过这样的事情。这里的每个人都与他人的生活有一点关联。"教堂山甚至得到了全美的关注，在2014年5月被列为全美十大积极进取的社区之一，这对于一个曾接近贫民窟状况的社区来说，是一个巨大的飞跃。

珀西从未想过将自CHAT创立以来发生在教堂山社区的改变当成自己的功劳，但不可否认，他是最大的功臣。

也许观测发生了什么变化的最好指标是犯罪统计数据。下表反映了2000年至2014年间教堂山社区的犯罪数据，收集自里士满市警察局数据库。

年份	直接涉及他人的犯罪	间接涉及他人的犯罪
2000	124	469
2001	160	446
2002	123	452
2003	157	468
2004	115	371
2005	91	328
2006	114	371
2007	87	309
2008	66	286
2009	63	275

续　表

年份	直接涉及他人的犯罪	间接涉及他人的犯罪
2010	50	251
2011	64	239
2012	47	283
2013	46	202
2014	55	192

不难发现，直接和间接涉及他人的犯罪都有减少的趋势。

珀西和安吉现在有 6 个孩子，其中两个是他们在搬到这个社区几年后收养的。在见到珀西时，教堂山社区没有人会认为："这是 CHAT 的首席执行官兼创始人珀西。"他们会想："这是珀西，我得停下来和他聊聊。我得听听最新的故事，关于他是如何让自己陷入困窘的，或者他最近失败的教育经历。"这恰恰是珀西喜欢的。因为这种社交行为能帮助人们，包括他自己，感受到一种归属感。

当被问及对 CHAT 下一个 10 年的看法时，珀西希望教堂山的年轻人能够接手这个组织。"当他们开始说：'嗯，当我管理 CHAT 时，一切将会这样进行'时，我们会知道，我们一直在做正确的事，"珀西说道，"我希望会发生那样的事。如果它发生了，我在这里的工作就完成了。"

* * *

从表面上看，顽皮的社交能力似乎就是要与他人友好而随和地相处。不过，将其描述为以互利的方式与他人相联系可能更为准确。或者，正如珀西的故事告诉我们的，这意味着我们尽自己所能成为一个最好的“邻居”。最重要的问题是：那些拥有顽皮情商的人究竟是如何做到这一点的？我们能从他们那里学到什么，来帮助我们实现自己的社交投资？

我发现有两个主题始终贯穿我的研究和访谈，这两个主题可以回答以上问题：①拥有顽皮情商的人很少对他们正在交往的人有先入为主的观念。同样，在社交互动中，他们很少会形成强烈的第一印象。②拥有顽皮情商的人通常以一种谦逊的态度对待他们的交往对象，这表现出一种强烈的平等主义意识。

在珀西融入教堂山社区的过程中，他以一种较高的水平验证了这两个主题。他视教堂山的居民为“能够正常交往的”人，而不是罪犯。他还知道，有时罪犯之所以成为罪犯，不是因为他想伤害别人或报复社会，而是因为别无选择。珀西在自家的农场长大，并以他的祖父为社交榜样，他明白平等看待他人的重要性，要么超越最初的印象和判断，要么干脆抵制它们。同样，珀西从不把自己看得太重，这是他养成谦逊品格的基础。

现在让我们更深入地认识这两个主题，从一个我非常熟悉的地方开始：临床。

一个合格的医生必须能够准确判断他的病人所患的疾病。虽然怜悯和共情对于良好的治疗必不可少，但大多数患者（和医生）会说，做出正确的诊断是医生最重要的任务。从这个意义上讲，实习医生要花费大量时间学习疾病的诊断。

疾病诊断的基础是一个被称为鉴别诊断的过程，在这一过程中，医生要进行大量的实践，并提出可能的诊断结果，里面包含从最有可能的疾病到最不可能的疾病，用来解释患者的临床症状。这类似于头脑风暴，所罗列的诊断结果越多，效果就越好——至少在一开始是这样。在了解病人的故事之前，医生用线索构建诊断可能。然后，通过各项检查或者检验，对两个或三个最有可能的诊断进行进一步评估，从而得出明确的诊断结果，并给出可行的治疗方案。

鉴别诊断的目的是帮助医生做出正确的诊断，同时防止其落入心理陷阱，即锚定偏见（anchoring bias）。心理学家阿莫斯·特沃斯基[①]和丹尼尔·卡尼曼[②]于1974年首次提出锚定理论，认为在我们过于看重最初呈现给我们的信息或数据片段时，锚定现象就会发生。在我们这样做时，信息本身就成了一个顽固的初始点——我们思维的锚。随着更多信息的接收，我们要么确认我们的锚是正确的，要么试图调整我们的思维远离它。

但是，正如特沃斯基和卡尼曼发现的，这里存在一个问题：一旦大脑开始锚定，我们就很难调整自己的思维。他们首先将这个问题描述为在不确定的情况下——比如进行数值估计——做出判断。例如，

---

① 阿莫斯·特沃斯基（Amos Tversky），美国行为科学家，因对决策过程的研究而闻名。——译者注

② 丹尼尔·卡尼曼（Daniel Kahneman），以色列心理学家，普林斯顿大学心理学教授，2002 年获得诺贝尔经济学奖。——译者注

他们向研究对象询问了非洲国家在联合国中所占的百分比。在回答之前，参与者们被随机分配了 0 到 100 之间的一个数字。然后，特沃斯基和卡尼曼询问研究对象是否认为这个百分比高于或低于他们拿到的数字。这个随机数字（在参与者的头脑中成为一个潜意识的锚）对参与者的答案有显著影响：收到随机数字 10 和 65 的小组，对联合国中非洲国家所占百分比的估计中值分别为 25 和 45。

在另一个锚定偏见的例子中，卡尼曼和他的同事大卫·施凯德让美国中西部的人和加利福尼亚人分别给自己的幸福感打分，同时评出他们认为总体上更幸福的一组。他们发现两组人在评价自己的幸福感方面没有统计学上的差异，但两组人都认为加利福尼亚人更幸福。卡尼曼和施凯德查看这些数据时发现，人们非常重视加利福尼亚州良好的气候，将其等同于更大的幸福。言下之意是，研究对象无法脱离他们的气候锚（climate anchors）。

在医学中，一个医生当即认为自己知道正确的诊断时，锚定现象就会发生，即抓住一个最初的症状不放，在没有进行鉴别诊断的情况下迅速锚定一种疾病。

我见过的一个很典型的例子是，一位病人因胃酸反流到食道而长期胃灼热。“我的胃部反流正在恶化，”这个病人告诉她的医生，“我现在胃灼热得厉害，胸部非常难受，服用 TUMS 抗胃酸咀嚼钙片没什么用。”她询问除了奥美拉唑（一种降酸药），还能服用什么药物。医生尚未进一步分析初步看起来很明显的胃食管反流病恶化诊断，就开了另一种降酸药，把病人打发走了。

那天的晚些时候，病人感觉更糟糕了，被送进急诊室。诊断结果显示，她患上了危及生命的肺动脉栓塞，这是另一种同样会导致严重胸部不适的疾病。幸运的是，她活了下来。如果她的医生没有把思维锚定在反流恶化，而是完成鉴别诊断这一过程，就更有可能询问病人最近的出行情况——在出行途中长时间保持坐姿，是导致腿部血栓突发并引发肺动脉栓塞的高危因素，而这个病人刚从中国出差回来。

自特沃斯基和卡尼曼最初的研究以来，从经济学到决策执行再到医学，锚定偏见在许多不同的背景下得到了验证。在卡尼曼的《思考，快与慢》一书中，他描述了我们大脑进行思考的两种不同系统，以及相应结构中锚定的位置。第一个系统，卡尼曼称之为系统 1，负责快速、直观、自动、情绪化的思考。该系统使我们能通过形成快速的第一印象来逃避危险。系统 1 负责我们的直觉——也负责锚定。

第二个系统，系统 2，控制着缓慢、复杂、有逻辑的思考。它是我们内心的怀疑者和批评家，帮助我们解决难题。因此，系统 2 在运作时需要消耗更多的能量。大多数情况下，系统 1 是正确的——人类的直觉相当准确。但是，正如特沃斯基和卡尼曼发现的那样，当系统 1 不正确时，问题就会出现——把我们的思考从错位的锚上移开是非常困难的。

系统 1 及与之相关的锚定与顽皮的社交能力特质相关联的方式，最终被总结为刻板印象和第一印象。在我们的社交互动中，尤其是在与我们刚刚遇见的人的互动中，系统 1 会迅速尝试理解我们面前的人。其中一种方法是通过社会学家所说的“刻板印象”。系统 1 调用了刻板印象的思维捷径来快速了解某个人。为什么呢？对大脑来说效率就是一切。大脑通过使用它接收到的初始信息运行，从而节省能量。如果我们不去有意识地朝反方向努力，大脑就会运用尽可能多的思维捷径。从这个角度看，大脑是一个令人难以置信的懒惰和粗疏的器官。

这种刻板印象有时来源于文化，有时来源于我们在过去遇到或认识的某个人，这个人的外貌或性格与我们面前的人有相似之处。无论刻板印象来自何处，无论是积极的还是消极的，它们都是社会或文化的重要组成部分。但是，假如我们不检视留在大脑中的错误的刻板印象，它们就会一遍又一遍地重复，在系统 1 的思考中成为一种连接，最终模糊我们的认知。

刻板印象是不可控制的吗？半个世纪以来，世界范围内民权运动的积极势头引发了围绕这个问题的大量辩论。直到大约 15 年前，刻板印象还被认为是无意识的和不可避免的。大脑使用刻板印象的数量和程度，取决于我们对现有刻板印象的累积接触（连接）的多少。

然而，最近有研究证实，通过有意识的努力——经由系统 2——我们可以成功抑制大脑中的刻板化思考过程，无论它是如何形成连接的。有趣的是，尽管如此，“有意识的努力”并不意味着我们必须去思考“这是一个我不应该使用的刻板印象”。相反，它意味着当我们忙碌于（认知上的占用）眼前发生的事情的另一层面时，刻板印象就不太可能出现。例如，如果我们正在与一个人交谈，而大脑开始对那个人形成刻板印象，那么可以把注意力集中在谈话的内容或目的上，从而避免产生刻板印象。只要我们停留在当下，并且全神贯注地关注对方，仔细倾听他在说什么，大脑对于刻板印象的自然本能就会减弱。

当我们遇到一个不认识的人，甚至是某个认识的人时，系统 1 会试图判断那个人是朋友还是敌人。为了弄明白这个问题，它会做大量工作，从理解身体语言和语调到使用刻板印象。如果系统 1 是成功的，那么它将快速建立起第一印象锚点。而系统 1 形成第一印象花费的时间越长，失败的可能性就越大。当系统 1 花费了很长一段时间或者失败后，某个第一印象仍然会产生，但它将在系统 2 的有益影响下完成这个过程。

像珀西这样有着高水平的顽皮情商的人，很少会在社交互动中对别人产生第一印象。而即使产生了，他们也不会给第一印象一个很高的内在价值。他们会用一张空白的石板来处理第二和第三（等等）印象，很少用从过去的互动中得到的认识推进自己的评价。简单地说，在一次有着顽皮情商参与的社交互动中——无论任何情况——系统 1 的刻板化和判断会显著减少。这有助于避免参与其中的人提出经常使我们产生分歧的假设。

* * *

有着顽皮情商的人们一般都不那么重视自己，与此相反，他们通常以一种不带威胁的、谦虚的方式和别人沟通。谦虚，根据韦氏大词典的解释，是一种不认为自己比其他人更好的品质或状态。珀西当然不认为他比教堂山的邻居们更好。

亚当·格兰特，宾夕法尼亚大学沃顿商学院管理学和心理学教授，他在《沃顿商学院最受欢迎的成功课》（*Give and Take*）一书中描述了他所谓的“无力沟通”。他指出，无力沟通有 4 个核心原则：①脆弱性；②倾听；③试探性的谈话；④寻求建议。矛盾的是，这 4 项原则结合在一起，却赋予了无力沟通者巨大的力量。

正如格兰特解释的那样，使用无力沟通方式的人比采用强有力的沟通方式（如强硬的意见和不容辩驳的陈述）的人能够更有效地与他人建立默契、信任，从而发挥影响力。在这 4 项原则中，通过谦虚表现出来的脆弱性，在拥有顽皮情商的人的社交互动中最明显。

另一个值得注意的例子是我在了解伊利诺伊州贝尔公司的故事（见第 1 章）期间偶然发现的。当我正在探究富有想象力的转换性的应对方式，是如何帮助伊利诺伊州贝尔公司的一些员工在 AT&T 资产剥离的压力之下健康成长时，我偶然知道了约翰·齐格里斯的故事。

和珀西一样，约翰在一个农业小镇长大——伊利诺伊州的莫门斯，这个小镇坐落在芝加哥南部。约翰的家里没有农场，他们过着简朴的生活。作为三兄弟中的一个，约翰喜欢运动，尤其是打篮球和高尔夫球。他也是一个优秀的学生，高中毕业时，他是班里致告别词的学生代表。他的父亲，唐纳德，是这个镇上的律师。唐纳德告诉约翰，要在享受过程的乐趣的同时努力工作，并始终以真诚待人。

约翰在伊利诺伊大学学习商科，后来就读于哈佛大学法学院。1973 年，他回到美国中西部地区，找到了他的第一份工作——在芝加哥盛德律师事务所做一名律师，任务是帮助管理盛德律师事务所的 AT&T 账户。考虑到 AT&T 当时的氛围，约翰知道这项任务具有挑战性。他也知道，电信行业对他来说是一片陌生的领域。但到了 20 世纪 70 年代末，约翰已成为盛德律师事务所的首席律师之一，帮助 AT&T 规避了反垄断诉讼和即将发生的资产剥离。对他和 AT&T 来说，这很幸运，他做了一项伟大的工作，被认定为将 AT&T 从资产剥离的危机中安全转移出去的大功臣。

随着约翰带领 AT&T 度过了一段有史以来极为艰难的时期，他的善良、谦虚、坦率和智慧引起了 AT&T 高层的注意。在这家电信巨头被拆分后，约翰被任命为 AT&T 的总法律顾问。该职位让约翰在高管会议桌上有了一席之地。约翰后来说道："当我坐在那张大桌子旁，回答许多处于联邦通信委员会[①]管控下的公司容易出现的法律问题时，我学到了很多关于商业策略、社交能力和领导能力的知识！"

20 世纪 90 年代末，AT&T 的董事会面临着长期在位的 CEO 罗伯特・艾伦的继任问题。最初受到聘用的是艾伦精心挑选的董事会外部人士——约翰・沃尔特，印刷公司唐纳利的首席执行官。仅仅几个

① 联邦通信委员会（FCC），全称是 Federal Communications Commission，美国联邦通信委员会。AT&T 处于该机构的管控下。——译者注

月，董事会就告诉能力不足的沃尔特，当艾伦卸任时，他无法担任新的CEO。沃尔特一听到这个消息就辞职了，董事会的工作又回到了原点。

沃尔特的失误和AT&T管理层多年的动荡使许多高管被疏远，导致董事会内部几乎没有能够替代艾伦的选择。在结束另一轮审查后，董事会将名单缩小为一位外部候选人——休斯电子公司的首席执行官迈克尔·阿姆斯特朗，以及一位内部候选人约翰·齐格里斯。约翰回忆道："我基本上是最后一个留下的'内部'人选。"

此时，约翰以他的头脑（他已经成为公司的首席战略家之一）和顽皮的社交能力而闻名。他的标志之一就是无论走到哪里都随身携带的棋盘游戏卡片。他的灵感来自他的父亲，他父亲也随身携带着这些卡片。约翰记得他在父亲去世后清理了父亲的车，只在后备厢里发现了两样东西：一堆未使用的AT&T预付费长途电话卡和成箱的棋盘游戏卡片。约翰养成了把这些卡片留在AT&T的公司飞机上的习惯。这个游戏的目的是要大家团结一致，而不是互相对抗，看看能正确回答出7张牌中的多少个问题。每张卡片有6个问题，每个问题都价值1分。一场正确回答了全部42个问题的完美游戏价值42分。各队会在比赛框的两侧直爽地写下自己的得分，炫耀自己的实力。

约翰知道，阻碍他成为AT&T首席执行官的最大因素是缺乏运营经验。虽然他在沃尔特辞职后的这段时间里有所收获，但实际上在管理一家公司方面他几乎没有任何经验。然而，他依旧保持着谦逊的态度。他说："我从来没有隐瞒过自己没有CEO经验的这个事实，或对此感到尴尬。”“当然，我想要这份工作，但我就是我，我不想假装成另外一个人。”董事会最终提出了一种新的解决方案，即让阿姆斯特朗成为 AT&T 的首席执行官，同时让约翰成为 AT&T 的总裁以及衍生服务 AT&T 无线（AT&T Wireless）机构的首席执行官。约翰本可以轻易地扮演一个痛苦的失败者角色，但他优雅地接受了新职位，继续展示着顽皮的社交能力。

约翰于 2004 年从 AT&T 退休，在此之前，他为电信业做出了许多不可磨灭的贡献。也许最有影响力的贡献是开启了短信在美国日益流行的热潮。这是由 AT&T 无线与真人秀节目《美国偶像》的早期合作促成的。随着数百万美国人每周通过短信投票选出他们最喜欢的歌手，AT&T 看到了整体短信使用率的戏剧性飙升。通过发短信来为偶像投票的这个活动，人们变得更加喜欢发短信，更有可能给他们的家人和朋友发短信。之后发生的事，就是历史了。

约翰从不夸耀自己的功劳，而总是和别人分享它。“我周围有很多聪明的人，我们在一起工作乐趣十足。”这个行为和他谦逊的态度很相符。事实上，这种情况在成功的高管中很常见。领导力大师吉姆·柯林斯[①] 采访了数千名事业有成的高管，他这样阐释：

> 在我们与那些知名高管的访谈过程中，他们谈论自己的方

---

① 吉姆·柯林斯（Jim Collins），美国著名的管理专家及畅销书作家。——译者注

> 式——更确切地说，他们并不谈论自己——给我们留下了深刻的印象。他们会不停地谈论公司和其他高管的贡献，而且会本能地转移对他们自身的讨论。当被迫谈论自己时，他们会这样说——“我希望我听起来不会像个大人物”，或者“对于所发生的事，我不认为我有多大的功劳。我们有幸拥有了不起的人”。

直到今天，当约翰被问及在AT&T工作的原因时，他的回答依然很谦虚。“完全是运气好，我正好处在20世纪最后25年电信行业的每一场重大争议风暴的中心。”他说，“我认为自己是电信行业的《阿甘正传》！我真的是被推着前进的。一段时间后，这个公司就没有总裁了。”

我想说，如果这是真的，那么约翰在创造他自己的运气方面扮演了重要角色。而且毫无疑问，他那老练的顽皮的社交能力远没有那么微不足道。

* * *

简要概括一下，拥有顽皮情商的人在他们的社交互动中体现了两个原则。首先，他们以一种“起锚”（anchors aweigh）的心态来处理他们的社会经历，从而限制自己对他人形成下意识的、刻板的印象。其次，他们在社交互动中是谦逊的，这是他们对待自己和这个世界的轻松态度的直接延伸。

本章节的后半部分将吸取这些经验教训，并试图回答以下问题：

“那又怎么样？这转化成某些超越健康社交关系的东西了吗？”

在这之前，有一个问题值得澄清。如果你是个性格内向的人，你可能会对自己说：“这不是我。我真的不喜欢和别人交往。”或者，如果你是个性格外向的人，你可能会说：“我明白了。”事实上，我们都具有不同程度的内向性格和外向性格。只相信我们属于单独一种或另一种性格，是在自我设限。我不是在试图对内向性格的人说“多走出去看看”，或者对外向性格的人说“继续坚持下去”，我是在说我们都是社会性的人。即使是最极端的内向性格者，也需要在一定程度上与其他人保持亲密、温暖的联系——而不是把自己和别人隔绝开，孤身一人。而即使是最极端的外向性格者，也需要时不时地退后一步，反省一下自己的社交方式。

那么，顽皮的社交能力的主题——起锚和谦虚——能转化为具体的益处吗？答案显而易见，它们都是讨人喜欢的性格特征。

没有人愿意被批判，也没有人愿意花时间和自恋、自大的人在一起。我们倾向于喜欢那些不会动辄批评别人且态度谦逊的人。但有什么更深层的原因吗？我们再仔细看一看。

西摩·萨拉森是一名俄罗斯犹太人，20 世纪初在布鲁克林的布朗斯维尔区长大。从他家的窗户往下看，年轻的西摩能看到一个熙熙攘攘的，几乎囊括了所有人种和民族的城市社区。从推着两轮烤箱、自称拥有最好的烤栗子和烤红薯的男人们，到拉着货车沿街叫卖五颜六色的水果和蔬菜的女人们，布朗斯维尔的和谐让西摩着迷。

在他 6 岁的时候，他和家人搬到了纽瓦克，这里离他们的家族更近。在犹太家族和朋友们的熏陶下，西摩的犹太身份开始形成且与他的其他身份并存。现在，当他看着街道时，他会注意到符合犹太教教规的肉类市场、犹太面包店，还有犹太鱼店和糖果商店。

1942 年，在完成心理学学业后，西摩去了位于美国康涅狄格州郊区的索斯伯里精神病院工作。这里的大多数住院者都是有着智力残疾（智商等于或低于 70）的贫穷少数族裔。索斯伯里的模式类似于当时全国大多数其他精神疾病服务机构的模式，即把病人从家庭和社区中接走，带到乡村接受培训和教育，然后再让他们返回家中。

早些时候，西摩意识到这些病人对索斯伯里没有归属感。他注意到他们经常感到孤独，无所凭依。他们要么试图逃跑，要么就是在被自己的记忆——他们的家乡困扰。西摩还注意到，索斯伯里的员工经常通过一个诊断标签（例如：智商低于 70）来看待这些病人，并且称他们为“孩子”，不管他们的年龄多大。他们被锚定了这样的特点，即这些病人智力不健全，没有任何用处。

西摩怀疑自己也可能被锚定了，所以他给索斯伯里的病人们做了一个测试，希望能从中找到答案。在该测试中，病人们需要看一系列的图片，然后创造一个故事。测试的目的是展示病人内心世界的外部投射（即故事）。西摩发现，这些病人思念并渴望见到他们的亲人，用困惑、沮丧和绝望来回应这种被迫的分离。

在看到这些测试结果后，西摩开始以不同的方式接近这些病人。

他像看待自己与朋友、同事和家人的关系一样看待与他们的关系。他还想起了曾经生活过的那些社区，想起了“独在异乡为异客”是一种什么感觉，以及社区感[①]对他和家人的幸福来说是多么重要。他开始更开放地与这些病人见面和互动，询问他们的家庭和各自的社区情况。索斯伯里的员工们跟随西摩的脚步，为索斯伯里的病人们创造了更好的治疗体验。

西摩最终从索斯伯里的经验出发，开拓了社区心理学这个领域。与把注意力集中在一个人的内在精神问题上相比，西摩更重视影响一个人的社区因素，包括贫困和抑郁，以及社区感如何影响人们的生活。他最初把一个人的社区感描述为“一个人归属于一个随时可接近的、能提供支持的、可依赖的机构的感觉，这种感觉是日常生活的一部分，而不仅仅在灾难来袭的时候才出现”。在西摩的启发下，许多心理学家和社会学家在接下来的几年里都在关注这一问题，研究一个人如何才能感受到社区感。

有关理解这一问题，由大卫·麦克米伦和大卫·查维斯在 1986 年提出的理论模型被广为接受。该模型描述了有助于形成社区感的 4 个要素：**成员资格**、**影响力**、**同化和需求的满足**，以及**共享的情感连接**。**成员资格**意味着有界限来限定谁是合适的社区成员。成员必须感觉到

---

① 社区感（sense of community）：社区心理学的核心概念，指社区成员之间及其同团体之间的相互影响与归属感，通过彼此承诺而使成员需要得以满足的共同信念，并且以社区历史为基础所形成的情感联结。——译者注

他们很重要，或在群体内具有一定程度的**影响力**；其次，他们必须感觉到自己是有意义的，而不是可替代的。**同化和需求的满足**意味着这个社区必须以某种方式强化个体。而**共享的情感连接**则是把社区凝聚在一起的精神力量。

在实践中，这一模式的一个成功案例是功能良好的老年人社区。通常，生活在这里的人们知道其他成员是谁，同时，他们从所参与的社区活动中感受到一种影响力。这些生活社区使其中的个体成员更强大，而这些成员之间有着共享的情感连接。

麦克米伦和查维斯认为，当这 4 个要素交织在一起时，就会产生一种社区感。虽然这 4 种要素可能都是一个人体验社区感所必需的，但麦克米伦和查维斯认为，真正社区感的决定性要素是共享的情感连接。麦克米伦和查维斯说，要制造这种要素，参与其中的成员之间必须有**接触**和**高质量的互动**。

接触意味着人与人之间的友好互动越多，越有可能变得亲近。**高质量的互动**要比大量的接触更为关键，对那些分享体验的人来说，它关系到体验的重要性。麦克米伦和查维斯强调了一场高质量互动的关键部分：情绪的风险。他们说："一个人承担的与其他成员之间人际情感风险的大小，以及一个人从社区生活中感受到的情感痛苦的程度，将会影响一个人对社区的总体感觉。"

事实证明，在拥有顽皮情商的人的社交行为中，存在麦克米伦和查维斯所说的，对于一场高质量的互动来说必不可少的东西。当一个人把自己的判断搁置一旁，并以一种无能为力、脆弱、谦卑的方式进行社交互动时，便拥有了进行一场高质量互动的机会，这意味着他更有可能体验到共享的情感连接，进而形成一种社区感。举个例子，比如“匿名戒酒互助社”。参与者们被鼓励以一种无能为力、脆弱和谦卑的态度来参加集会。当在这样的背景下分享那些励志的故事时，参与者们不仅能体验到共享的情感连接和社区感，也能朝着康复的方向迈出积极的步伐。

更重要的是，如第 1 章所述，拥有顽皮情商的人会利用他们的想象力设身处地地为他人着想。这种共情能力也增加了他们实现成功社交的概率。麦克米伦和查维斯称之为**共享历史**，并相信它是共享情感连接的另一个重要部分。他们说：“要共享一段历史，群体成员们不需要参与过这段历史，但必须认同它。”为了认同他人的历史，更好地理解和同情对方，需要我们运用想象力去寻找彼此的相似之处。有一个很好的例子，就是当父母和其他父母分享自己养育子女的故事时，尽管听这些故事的父母可能没有经历过完全相同的情况，但是可以通过将他们的孩子置于头脑构建的模型中，来认同这些故事（和分享这些故事的父母）。

因此，当我们抵制锚定现象，保持谦卑的态度，并想象自己成为另一个人会是什么样子时，我们与他人之间的共享情感连接就会建立起来，同时我们的社区感会得到增强。这回答了“那又怎么样？”这个问题。那些拥有顽皮情商的人运用的交际方式——起锚和谦虚——极好地增强了他们的社区感。

这种社区感之所以重要，既有很明显的原因，也有不那么显而易见的原因。它能帮助我们对抗社会隔离感和孤独感，这两者都是引发健康问题的危险因素，其负面影响相当于高血压、缺乏锻炼、肥胖和吸烟。但是除此之外，还有更多的原因。

传统方法是根据人们所属的一般社区类型来整理和研究社区感的益处。在实践层面上，将这些社区按类别划分，有助于人们更准确地了解每个社区是如何影响个人的整体社区感的。我喜欢使用的三个社区类别是**家庭**、**街区**和**超越街区的其他地方**。虽然这三者存在一定的重叠，但在地理上，这些类别与我们家庭内部、家庭之外以及超越街区的其他地方一一对应；**超越街区的其他地方**这一类别是由不同社区（例如工作场所、社交、精神等）组成的大杂烩。

在**家庭**层面上，当一个人与家人们花时间聚在一起，相互关爱，并以一种不加评判、谦逊的方式进行顽皮的社交时，会大大增强他的社区感。不幸的是，如今美国家庭的繁忙生活并没有为团聚留出太多时间。然而，这种常态的一个例外之处，可能是在家庭餐桌上。

许多美国家庭把共同进餐当作头等大事，因为在工作日，他们很难通过其他方式联系在一起。一个家庭通常会一起共进晚餐，也可能一起吃早餐，但很少一起吃午餐。自 1997 年以来，盖洛普[①]一直在跟

① 盖洛普（Gallup）：美国统计学家，盖洛普民意测验的创始人。——译者注

踪研究美国家庭聚餐的频率。平均来说，超过一半的美国家庭每周有 6 到 7 个夜晚共进晚餐。还有 1/3 的家庭每周有 4 到 5 个夜晚这样做。有趣的是，仅有成年人的家庭在一起吃饭的速度和有儿童的家庭差不多。

这都是好消息，因为让家庭聚餐成为一种习惯所带来的社区感，对改善身体、精神和情感健康大有裨益。在众多活动中，家庭聚餐能带来更强的自尊心和复原力、更低的抑郁风险和肥胖率。定期进行家庭聚餐的年轻人在学校更有积极性，在学业上表现得更好，并且与同龄人相处得更融洽。

所以，如果你感觉你的家庭正过着一种疯狂忙碌的生活，请想一想你们是否很少进行家庭聚餐。家庭餐桌是开始锻炼社区感的好地方，而且对家里每一位成员都影响深远。

接下来，从餐桌走到门外，一个人的社区感会受到所处**街区**的影响。的确，我们的邻居可能不是我们的朋友（有些人甚至看起来像我们的敌人！）。但事实是，仅仅是一个模糊暗示，社区凝聚力就能对一个人的身心健康产生积极影响。

其中被研究最多的例子之一，是宾夕法尼亚州的意大利移民小镇罗塞托。20 世纪 50 年代和 60 年代，俄克拉何马大学的内科医生斯图尔特 · 沃尔夫在罗塞托附近度夏。一天，一位当地医生向他转述了一个奇怪的观察结果：65 岁以下的罗塞托人似乎没有人患心脏病。沃尔夫调查了这一奇特现象并发现，事实上，罗塞托人由心脏病导致死亡的概率是全国其他地区的一半，至少对 65 岁以下的男性来说是如此。

罗塞托人的寿命也似乎超出了人们的预期。

这让沃尔夫疑惑不解。平均来说，罗塞托人饮食不良、过度肥胖并且吸烟。为什么罗塞托人很少罹患心脏病？在社会学家约翰·布鲁恩的帮助下，沃尔夫开始觉察到一些对罗塞托人的健康有利的因素。他注意到这个社区十分紧密地团结在一起。人们经常花时间互相交谈并一起用餐。生活在罗塞托有一种归属感，你可以到邻居那里寻求帮助。在罗塞托至少还有 20 个促进社交互动和联系的社区组织。

在查看了包括遗传学在内的大量数据后，沃尔夫和他的同事们得出结论，是罗塞托本身以及该镇居民相互提供的社会支持和社区感，造成了这个小镇和其他地区的差异。有趣的是，沃尔夫和他的团队后来发现，随着罗塞托的居民在 20 世纪 60 年代变得不再那么紧密团结，这种效应消失了。他们统计了 1935 年至 1985 年期间罗塞托镇和附近的班戈镇的居民死亡证明。尽管在最初的 30 年里，罗塞托人心脏病的致死率较低，但在经历了家庭和社区凝聚力的衰退期后，其心脏病死亡率上升到了班戈人的水平。

自此次对罗塞托的研究以来，许多研究者都开始考虑街区凝聚力和健康之间的关系。大多数此类研究都发现，邻居之间的社交联系，包括较强的社会凝聚力和邻居之间的互助，能够预防抑郁症。他们还发现，一个街区的社会凝聚力越弱，其成员自我报告的健康状况就越差。就心脏病和死亡率而言，邻里和睦确实能降低患心血管疾病的风险，但尚不清楚死亡率是否也受到其影响。同样，人们也不清楚不健康的生活习惯，如吸烟、酗酒和饮食不良是否会受到街区的影响。

这是否意味着我们应该举办更多的街区派对，每次在街上散步时都带上自制饼干以便分享？不，当然不是。但是，邻里间的一些小行为可以在很大程度上建立社区感——比如像珀西那样，敲敲你邻居的门介绍自己，或者花更多时间和邻居闲聊，不要把这些时间当成一种浪费。无论这种社区感源于何种形式，一旦开始建立它，我们的生活就会变得更好。

最后，**超越街区的其他地方**这个类别包括我们所属的所有其他社区。这些社区包括我们的朋友圈、工作场所、互动的同事以及我们的精神社区。它还包括我们的社交、运动和互助小组、公民和志愿者组织以及虚拟社区。像我们的家庭单位和邻居们一样，这些其他的组织也有助于培养我们的社区感，尤其是当我们应用起锚和谦虚这两个顽皮的社交主题来接近社区的其他成员时。

在当今的互联网时代，虚拟社区比以往任何时候都更加具有重要意义。虚拟社区是否为我们提供了**真实的**连接，并提供了与传统社区和面对面社区带来的社区感相当的益处？为了回答这个问题，首先要从生理学角度理解为什么当面的社交关系是有益的。当我们和一个与我们建立了联系的人亲密接触，或者从别人那里得到真实的身体爱抚时，我们的大脑会释放神经激素——催产素。

对催产素的最初研究，主要集中于其在泌乳和子宫收缩方面的作用。随着研究的深入，人们发现催产素也是维系社交关系的关键。

当它被释放时——通过简单的碰拳、握手、拍背，甚至是温和的轻推——能够告诉我们另一个人在场并已经准备好倾听或者哭泣，或者和我们一起大笑。由于催产素的重要作用，它被冠以“拥抱”和“信任”激素的称号。在某些方面，催产素的释放支持了共享情感连接方程式的**接触**部分。

在虚拟世界中，催产素很难发挥作用（尽管需要更多的研究来证实这一点）。然而，最重要的是我们的虚拟连接是否能**高质量**地用于建立共享情感连接的一部分。如果我们习惯性地用社交软件逃避现实，借此得到肯定，那么答案很可能是“否”。但如果我们只是上网与现实生活中认识且有联系的人讨论、分享信息，那么这种虚拟联系有可能是一种高质量的互动，有利于培养我们的社区感。换句话说，虚拟社区对我们的影响以及能在多大程度上帮助我们增强社区感，主要取决于我们的意图和认知。

不幸的是，社交媒体令人上瘾的特性使得持久不变的认知受到了挑战。当我们通过社交媒体社区接收到一个“like”（喜爱）或类似的正反馈时，伏隔核（大脑的奖赏中心）会被激活，多巴胺将被释放出来。这会让我们感觉很好，并渴望得到更多快速的正反馈。伏隔核在提升一个人的社交声誉方面也起着作用。在虚拟社区中承认我们的人越多，我们就越觉得自己的声誉在提高。

但这导致了所谓的**互联网悖论**。这个悖论的问题是，花在网络上的时间是否阻止了我们与真实的人建立连接，或是与此相反，使害羞或不善社交的人得以与他人建立连接。尽管答案因人而异，但研究表明，社交软件的大量使用与年轻人的幸福感普遍下降有关。使问题更加复杂化的是，如果一个人感到孤独或缺乏社会支持，他更有可能转向网络平台寻求鼓励。把这两个数据点放在一起，如果你感到孤独，就会倾向于在网上寻找连接，但从长远来看，这可能会产生反效果而助长孤独感。

在涉及部分青少年和老年人的故事中，有两个有趣的反例。通过社交媒体让处于危险期的青少年接触各种以社区为基础的网站，似乎可以帮助他们学习如何以一种积极的方式使用互联网。其中一个例子体现在有感染艾滋病毒风险的年轻男性身上。他们通过网络上的各种虚拟朋友和社区页面了解艾滋病毒的检测和信息资源，更有可能请求社区提供艾滋病毒检测工具。

对老年人来说，常用社交软件可以减少近 25% 的认知能力下降。意识到这一潜在好处后，一些互联网公司将科技培训带入疗养院，允许老人们与各种在线社区建立连接。这种类型的规划似乎增强了使用者的自我胜任感、个人认同感和认知能力——所有这些都会带来进一步的心理健康和幸福感。

因此，对于虚拟社区来说，最重要的似乎是我们对屏幕和设备的认知。如果我们已经感觉很孤独，并转而求助虚拟世界，我们的处境就有恶化的风险。这可能就是我们应该与某个人面对面或通过电话联系的时候了。但是，如果我们以正确的意图靠近虚拟社区，以一种开放的态度建立共享的情感连接，我们的社区感就会得到加强。与一位隔着千山万水的儿时朋友一起在网上分享生活，更有可能使我们获益，而且如果这种联系发生在不进行评判和谦虚待人的基础上，我们就能做好进行高质量互动的准备，滋养个人的社区感。

正如我们了解到的，在很大程度上，一种健康的社区感可以由顽皮的社交能力——削减锚定并将谦卑最大化——来驱动。渐渐地，当我们更加熟悉社交的方式和那些耐心等待我们关注的社区（家庭、街区和超越街区的其他地方）时，我们就能够加深已经拥有的共享情感连接，并将新的、有意义的共享情感连接整合在一起，同时享受他人陪伴的益处。

我将以一位顽皮的病人的故事得出最后的结论，因为布丁往往是最好的证明。[①]

97 岁的格洛丽亚 · M 再次因心脏衰竭而住院。她的主动脉瓣膜的开口非常狭窄，导致血液回流到肺部，甚至是腿部。医生已经开始给她用药，改善她的心脏情况。在住院治疗期间，她需要考虑更换心脏瓣膜。

一天早上，当医生们准备进行病房巡视时，一名实习生记录，“她是一位状态极佳的 97 岁老人，看起来像 67 岁。她和年轻人一起去打保龄球。”医生们走进病房，发现格洛丽亚倚靠在床上，沉浸在一个

① 意为布丁好不好吃，只有吃了以后才知道。也就是中国人常说的，实践出真知。——译者注

显然很愉快的想法中。她那一头齐肩的灰发和超大的可乐瓶底眼镜让她看起来像个卡通人物。格洛丽亚没有穿标准的薄棉质病号服，而是穿着一件粉红色的厚羊毛开衫，里面配了一件点缀着蓝粉色花朵的长睡衣。

“早上好，M 夫人，”主治医生说，“您感觉怎么样？”

“我感觉很好，”格洛丽亚回答，“没有什么可抱怨的。”

“现在，M 夫人，我觉得在我们的表格上有一些错误信息。上面说您 97 岁了，我想我们可能把您的年龄多写了 20 年左右。”

格洛丽亚耸了耸肩，把头歪向一边。她以前已经听过很多次这样的话了，她尴尬地笑着回答：“不，我 97 岁了。我还是能去打保龄球的！一周两次！”

“您打得好吗？”主治医生问。

“我打得很好。我的平均分是 71 分。”（格洛丽亚打的是使用细长棒的保龄球，71 分是非常棒的成绩！）

“那么，您的秘诀是什么？”

“哦，我不知道。”格洛丽亚回答。

她表现得好像这个问题已经被问过几百次了，但她并没有轻易地放弃她的智慧。格洛丽亚意识到，生命的长度不能取代生命的质量，她充满活力的精神体现了一种非凡的、持续的生活质量，尽管心脏瓣膜已经疲惫不堪，但她仍然享受着这种生活。

“难道您不担心吗？”主治医生问道。

“不，我很担心。”

“您的饮食怎么样？您是不是只吃蔬菜？”

“不，我什么都吃。”

“没吃太多糖果吧？”

“不，我吃糖果。”

“您抽烟吗？喝酒吗？”

“我不抽烟也不喝酒，至少我已经很多年没这样过了。”

“嗯……那么秘诀一定是打保龄球了。”主治医生得出结论。

当格洛丽亚直视主治医生的眼睛时，她的脸庞亮了起来，她眨了眨眼，回答说：“您说得没错！”

轻松锻炼社交能力

● 起　锚

在社交场合中，当一个人对另一个人形成刻板印象，并过早地下定结论和做出判断时，锚定现象就会发生。这通常意味着，他至少错失了得到一个共享情感连接的机会以及由这种连接带来的益处。

锚定这个命名很合适，锚是沉重的，并且很难调整位置。问题的关键在于如何第一时间避免锚定。以下是一些可以帮助你的小秘诀：

• **转移焦点**。社交锚定的常见触发因素之一，是一个人的注意力集中在与另一个人可能存在的显著差异上。吸引力、资产情况和声望等方面的感官差异很容易被放大。当我们这样做时，锚定更有可能发生并妨害社交互动。下次当你发现自己正聚焦于那些差异时，试着把焦点转移到对另一个人的喜爱之处或你们的共同点上。

• **拥抱情绪的摇摆**。我们越快乐的时候，越不容易陷入锚定。这是有道理的，因为当我们比较满意时，既不太可能评判别人，也不太可能评判自己。有时候很难完全改变我们的情绪，但只要想想那些让你快乐的事情，哪怕只是几秒钟，就能降低陷入锚定的风险。在你进行下一次社交互动之前，花点时间沉浸在一个舒适或快乐的记忆中，这将有助于你把锚收好。

• **接受锚定。**完全避免锚定非常困难，幸运的是，并非所有锚定都是不好的，第一印象也可能是完全准确的。你只需更清楚地意识到自己何时陷入了锚定，这能帮助你认识到它是否会限制你们之间的关系。通过实践，你将能够快速识别出你抛下的锚是否阻止了你们之间的关系进一步发展。

无力沟通

顽皮的社交能力和顽皮情商的一个关键部分，在于社会交往中表现出脆弱、谦虚和开放的态度。通常来说，这种情况发生在我们不太看重自己的时候，特别是当我们把无力沟通作为社交方式的一个限定方向的时候。这里有一些小建议，可以帮助你养成无力沟通和谦虚的习惯：

• **多听（尤其是女人）。**亚当·格兰特在他的《沃顿商学院最受欢迎的成功课》一书中描述了德勤会计师事务所前首席执行官吉姆·奎格利通过设定一个在开会时发言时间不超过总体时间 20% 的目标，来帮助他保持无力沟通的态度。这有助于把自己的回答集中于问题本身，也有助于更好地理解人们的需求。试着在下一次社交互动中为自己设定一个类似的目标。此外，女性天生比男性更倾向于使用无力沟通的方式。所以，无论你是男人还是女人，如果想提高在无力沟通方面的技巧，那就观察（并倾听！）女性，寻找最佳的实践手段。

• **将意见重构为建议**。使用无力沟通的一个非常有效的方法是，想出一个意见，并运用你的想象力将它重构为一个建议，可能是以一个问题的形式出现。例如，与其说“我认为解决这个问题的最好方法是花更多的钱”，你也许可以说：“我想知道更多的经济资源是否可以帮助解决这个问题。”把意见重构成建议可以保持沟通的双向性，如果别人不同意你的观点，你也可以给他们一些空间进行温和的反驳。

• **能力第一**。采用更无力的沟通方式可能会使你变得更加被动，但这会带来一些好处，特别是当你天生具有攻击性的时候。被动些，不管怎么样，能偶尔允许一个人表现出过失。这可能会让你陷入所谓的“**失态效应**”：那些承认他们的错误或过失的人，会受到或多或少的高度评价，这取决于别人对他们能力的认知。那些被认为能力强的人，会因为他们意识到自己的缺点而受到更多的喜爱，而那些被认为能力较弱的人则不会那么受人喜爱。换句话说，当你的谦卑态度与你的能力、优势和才干相匹配时，无力沟通的效果最好。你依然强大，但是是以一种更克制、更谦卑的方式。约翰·泽格利斯将此称为“智慧庄严第一”，在他从事的工作行业中，这意味着首先需要在 AT&T 的利益相关者眼中展示自己的能力，然后对方才能从一种积极角度看待他的谦逊和顽皮。

第3章

幽　默

在1959年，找到一个正在阅读《大思想的神奇》（*The Magic of Thinking Big*）的人，就像在当地一家餐馆找到一台自动点唱机一样容易。佐治亚州立大学心理学教授戴维·施瓦茨写的《大思想的神奇》是一本广受欢迎的励志书，书中断言，阻碍人们通往美好生活的主要力量在于他们思想的渺小。思想渺小意味着不相信自己，或者仅仅为了比星星还小的目标而努力。施瓦茨认为，如果我们能理解我们的思维过程是如何运作的，就可以利用它进行伟大的思考，实现相称的目标。虽然他的想法在多个层面上都是正确的，但也存在缺陷。他没有预见在20世纪50年代末的背景下他的要旨会被如何解读。

那是第二次世界大战结束15年后，美国成为世界超级大国，消费主义盛行。美国人把伟大的思想和伟大的成功等同于物质主义：拥有一套房、一辆车、一条船——比邻居拥有的更大更好。美国人变得很擅长装作“快乐”，即使他们实际上没有快乐的感觉。把压力憋在心里成为一种生活方式，20世纪50年代经典情景喜剧《反斗小宝贝》中描绘的完美场景，成了全美国数百万人的童话故事。

隐藏在表象之下的现实是截然不同的。对普通美国人来说，生活变得越来越复杂、严肃、忙碌、紧张，竞争也更激烈。随着对这些问题的应对能力增强，美国人眼看着自己的个性——更不用提他们认识自己的能力和与别人相互联系的能力——悄悄溜走了。头重脚轻、来回翻腾的大思想的思维方式需要修正航向——马上。

当时，“越来越大”的主题对广告业来说是一个福音。世界广告之都纽约市的麦迪逊大道是一个繁华的、令人兴奋的工作地点。一家名为恒美广告公司（Doyle Dane Bernbach，以下简称 DDB）的小型广告公司正在竭尽全力维持运营。它的全国排名糟糕透顶，排在第 80 位，相当于麦迪逊大街上的一个热狗摊（或许是两个热狗摊）。

1949 年 6 月 1 日，内德 · 道尔、马克 · 戴恩和威廉 · 伯恩巴克创立了这家公司。38 岁的伯恩巴克是三个人中最年轻的，但公司每一步运作背后都离不开他的智慧。一位亲近的同事曾经这样评价伯恩巴克：“他天真并充满好奇心。他对人们在第一印象中的感受非常敏感，而且对自己有足够的信心。”伯恩巴克只强制执行一条规则：说实话——如果您认为合作伙伴创作的广告没有达到您的目的，那么您最好大声说出来。伯恩巴克还认为客户不总是正确的，他希望他的团队信任他们的工作和直觉。最重要的是，他认为广告应该为它们的目标受众设计，而不是为客户或产品设计。在乘坐地铁回家的路上，伯恩巴克看着人们阅读报纸和杂志，注意到大多数人甚至没有瞥一眼广告。伯恩巴克比广告界其他人士更早地意识到这个秘密——在紧张的一天结束时，你最不想看到的就是在你没有的产品前微笑着的美人们，或者你明白根本不存在的完美生活。

尽管伯恩巴克摸出了物质主义下空洞承诺的脉搏，也明白美国人正在努力实现一种不可企及的、故事书一样的生活，但他们的公司依然运转艰难。1957 年，一条为以色列航空公司设计的非传统的 DDB 广告，帮助 DDB 摆脱了热狗摊的地位。但是——也许自己有点陷入了“更多”生活方式的神秘主义之中——伯恩巴克仍然觉得 DDB 遗漏了一件事：大客户。

1934 年，汽车设计和工程天才费迪南德·保时捷开始设计后来的大众甲壳虫。然而，甲壳虫还没开始量产，第二次世界大战便爆发了，大众汽车在德国沃尔夫斯堡的工厂停止了甲壳虫的生产。在战争即将结束时，工厂被英国军队轰炸，甲壳虫似乎注定要毁灭——它本会如此，如果没有海因里希·诺德霍夫的领导。英国委派了诺德霍夫——一位来自德国的技术人员——去抢救那些遗留下来的材料，并评估保时捷的小型车是否值得进一步发展。作为一名精明的实业家，诺德霍夫很快就意识到保时捷的想法是有道理的。在短短的三年时间里，他让这个工厂复活了，给了甲壳虫一个新的开始。

在大西洋彼岸，美国的甲壳虫市场开始回暖，但速度比欧洲慢。底特律的汽车三巨头注意到了这一点，并推出了自己的三款小型车：通用汽车的科维尔（Corvair）、福特的猎鹰（Falcon）和普利茅斯的勇士（Valiant）。为了与底特律进行市场竞争，大众公司和诺德霍夫决定，要让甲壳虫在美国生存下去，必须做一件他们从未真正做过的事情——做广告。

卡尔·哈恩是一位杰出的经济学家，同时也是大众公司的出口销售主管，他负责寻找广告公司，一家特殊的广告公司，因为美国人对外国汽车的态度还不够友好——尤其是甲壳虫，大多数人把它与战争联系在一起。它不同寻常的小巧设计也背离了当时美国汽车“越大越好”的品位。尽管如此，消息还是在麦迪逊大街迅速传开：有一家欧洲汽车公司正在物色广告代理。

起初，哈恩对麦迪逊大道所能提供的东西感到失望。正如他后来提到的那样：“我们考察了十几家公司，他们都在奢华的会议室里向我们做大量的业务陈述。但我们看到的全部就是，大众公司的广告就像其他广告——航空公司的广告、香烟广告、牙膏广告一样。唯一的区别是，在牙膏筒所在的地方，他们放置了一辆大众汽车。”

当哈恩最终出现在 DDB 的办公室时，之前所有的失望似乎都变成了对 DDB 有利的因素。“伯恩巴克没有做任何真正意义上的业务陈述。他只是向我们展示了 DDB 为其他客户所做的工作，并向我们解释了他的思考方式。”哈恩叙述道。

伯恩巴克和哈恩一拍即合，哈恩选择了 DDB。尽管两人建立了很好的关系，但大众公司只为甲壳虫在美国的广告拨款 80 万美元——这与甲壳虫在国外竞争实际所需的资金相距甚远。DDB 需要创造一个广告奇迹。

伯恩巴克知道谁应该参与这场甲壳虫运动：乔治·洛伊丝和赫尔穆特·克朗负责平面设计，朱利安·凯尼格撰写文案。从一开始，这三位同事之间就形成了一种轻松融洽的关系。面对正为一位德国大客户工作这一事实，他们保持了幽默的心态。当洛伊丝和凯尼格参观位于德国的甲壳虫工厂，面对诸如第100万辆甲壳虫、一只戴着闪闪发光的莱茵石的金虫、大众公司外观奇特的军用吉普车时，他们惊叹不已，不禁开起了玩笑。在一场晚宴上，他们用一张餐巾纸作为本垒板，在餐厅中央展示了美式棒球的滑垒式移动，以此娱乐东道主们。

为了迎合美国人对大、多和快乐的迷恋，其他广告公司往往以奢华的照片、美人和丰富的背景为特色制作汽车广告，而这三位天性幽默的同事头脑中拥有不同的想法。1959年的春天，凯尼格来到克朗的办公室，分享他为甲壳虫广告起草的文本。这段文本是以孩子般的口吻写的，并带有一点幽默感，里面有这样的评论："甲壳虫已经变得像苹果卷一样美国化了。"克朗和洛伊丝把凯尼格的文案放到绘图板上，同时拿来一张极小的甲壳虫照片，放在页面的左上角，背景只有一片空白。在页面的底部，用小字写着凯尼格的文案，文案上方的标题是：想想小的好处（Think small）。

伯恩巴克的甲壳虫团队违背了广告创作的每一条规则。他们的方法是半开玩笑地而不是严肃地使用白色空间，用它代替风景如画的图像，并以小字号的文本而非巨大的印刷字体作为特色。它很幽默，而在广告中，幽默更像是一种禁忌而不被接受。已故的克劳德·霍普金斯或许是当时美国广告史上最伟大的文案作者，他曾大胆宣称："人们不会从小丑那里买东西！"

"想想小的好处"这个广告于1960年2月刊登在《生活》杂志上。

这是一次立竿见影的成功。作为顽皮的反传统广告，它打破了那个时期典型广告的塑料式炫耀。因为“想想小的好处”，甲壳虫成为20世纪60年代反主流文化的第一批偶像之一——一个充满活力、有趣地提醒你不要把生活看得太严肃的启发者。时至今日，“想想小的好处”仍被认为是有史以来最好的广告，它被《广告时代》（*Advertising Age*）评为20世纪百强广告中的第一名。

为什么“想想小的好处”起作用了？在某种程度上，它暗示了一种新的思考方式，不仅在广告方面，也在生活本身。你不必拥有最好的，最大的，或成为看似最快乐的人：真正的满足可以在简单和微小中找到。“想想小的好处”同样重要的一点是，它可以与每个人内心的顽皮小孩交谈。这种轻松愉悦的方式提醒了美国人——在一天的紧张气氛中，一点点顽皮和幽默就能让生活变成另一番模样。

* * *

到现在为止，在通过想象和社交的方式工作（和玩耍）之后，你可能会注意到你对顽皮的看法开始改变。如果是这样，我希望这种势头能持续下去。如果你还没注意到变化——那么做好准备。伴随着笑声的传达，幽默也许是我们拥有的最容易辨认的顽皮特质。在这本书探讨的5个方面中，幽默是目前为止最接近顽皮的词语。事实上，你甚至可以说，拥有一种幽默感等同于拥有一种顽皮感。我喜欢把幽默简单地看作顽皮情商方程式的一部分，在这个方程式中，5种顽皮特质都以不同的方式为轻松生活做出贡献。

在过去的40年里，许多人把幽默带进了解剖实验室。最终的结果总是相同的：正如美国散文家E. B. 怀特所说："幽默是可以被解剖的，就像青蛙可以被解剖一样，但它会在解剖过程中死去，除了纯粹科学的头脑，它的内脏只会让人感到沮丧。"我想说的是，我在这一章的目标是帮助你保持住幽默这个顽皮特质，直到最后。我也希望你在阅读之后能对这个主题有一点不同的看法——让幽默成为对你来说更实在、更有价值的资源。我愿意相信这就是生活在20世纪50年代的美国人经历的事情，当时"想想小的好处"微妙地改变了他们的思维。

读到现在，你可能会猜测我认为顽皮应该像健康饮食和锻炼一样被认真看待。这的确是本书中的一大悖论：成年人的顽皮实际上是一件严肃的事，就其本身而言需要被重视和尊重。

严肃对待幽默似乎是一种自相矛盾的说法，毕竟，幽默容易让我们在体验世界时变得轻浮，也容易让我们对彼此的感受变得轻浮。但是当你了解到幽默将对你的生活和幸福产生多大影响时，你就会明白，幽默不仅仅是一个严肃的极小值那样简单。

首先，看一看幽默和健康之间的关系，这会帮助我们弄清有着顽皮情商的人在生活中运用幽默的最常见方式。

在20世纪70年代末之前，科学界极少关注幽默与健康之间的关系（如果有的话）。一切改变都发生于1976年，当时美国政治记者兼杂志编辑诺曼·库森在《新英格兰医学杂志》（*New England Journal of Medicine*）

上发表了一篇题为“疾病的剖析（如病人所感知）”的文章。这篇文章提到库森被诊断为强直性脊柱炎，这种疾病会导致严重的炎症和脊椎疼痛，库森后来将其扩展到一本畅销小说中。库森没有寻找当时可用的标准治疗方法，而是住进了一家酒店，花了好几天时间阅读笑话书，并观看偷拍喜剧片（*Candid Camera*）和马克斯兄弟的电影。

随着时间的推移，库森从强直性脊柱炎中完全恢复过来，他把大部分功劳归于他在酒店里放声大笑的日子。库森的康复引发了大量关于幽默对健康和幸福有何影响的研究。之后40年间，人们进行了数百项研究和实验来理清幽默和健康之间的关系。

从身体健康的角度来看，被研究最多的领域是幽默对免疫系统和心血管系统的影响，以及对身体疼痛的调节作用。在这三种情况中，幽默的止痛效果得到了最有力的证据支持。笑很可能以化学方式减弱了对疼痛的感知和体验。

免疫系统是身体对所有试图破坏它的东西的防御，比如感染和癌症。因此，如果幽默能使免疫系统受益就再好不过了，但数据不是确定的。一些实验人员发现，当研究对象观看幽默视频时，他们经历了一场免疫系统分子的表达增强。然而，研究人员很难知道这种增强是否对健康有真正的益处。相信有趣的视频有益于免疫系统，对我们来说当然没有什么坏处，只要我们不会用观看它们来取代已被证实的疗法。

同样，研究表明幽默有益于心血管系统。研究结果显示，笑会带来心率和血压的短期升高，这与锻炼时的情况类似。但目前尚不清楚这些短暂的影响能否对健康带来具体的益处。出于同样的原因，幽默感可能对冠心病有防护作用，而冠心病是最常见的心脏病之一。不过这项数据最多只能得出一个模糊的推论。虽然如此，由于心脏病是全世界人类健康的大敌，我们很难反对这点无害的笑声，只要它与经过检验的治疗方法和干预措施相结合。

也许评估幽默能否影响身体健康的最终方法，是调查它与长寿的关系——这是衡量身体健康的概括性指标。迄今为止，关于这种关系的最好研究，是由斯文·斯维尔巴克和他在挪威科技大学的同事们于2003年开展的。7年来，超过6万挪威人参与了这项研究，该研究试图控制影响或可能影响寿命的因素，如教育、运动、吸烟、社交网络、体重指数、收缩压、肾功能、糖尿病、癌症和心血管疾病。研究结果表明，幽默感可能会增加一个人活到65岁的概率，但是超过65岁后，幽默对寿命没有明显的影响。研究小组猜测，在65岁以后，其他因素，如遗传和生物性衰退，可能对寿命有更大的影响。这项研究的最大干扰因子是大部分数据来自自陈报告和问卷调查，这可能较容易出错。

总而言之，幽默能给身体健康带来好处的证据，最多不过是一种暗示。这项研究远远不够明确，并且在很多情况下，研究中使用的方法论缺乏科学的严谨性——这是得出值得注目的、可靠的结论所必需的。

除了身体状况之外，幽默对于我们的精神健康也具有影响。诚然，医学领域在传统上主要关注身体健康，社会也倾向于关注身体健康——即人的生命总量，寿命。但精神方面的健康，即一个人的生命质量同样重要。没有人想拥有一段充满绝望的漫长人生。

这将我们引向下一个内容，即有着顽皮情商的人如何在日常生活中挖掘和运用幽默的力量。

2007 年 5 月初，和家人住在英国伦敦西部的信息技术顾问霍华德·戴维斯·卡尔决定为他的两个儿子——三岁的哈里和一岁的查理——拍摄一些家庭录像。兄弟俩一起坐在家里的皮革躺椅上，查理坐在哈里的膝上，对着摄像机。毫无预兆，才长出大约 7 颗牙齿的查理，开始咬哈里的食指。哈里吃了一惊，一边咯咯地笑着说“查理咬了我!”，一边把手指撤回安全地带。哈里迫不及待地想要再试一下，于是故意把食指放回查理的嘴里，查理本能地紧紧咬住了它。

一开始，哈里笑得很开心。但随着查理咬得越来越紧，哈里的脸色转变成了一种轻微的恐慌，他开始尖叫：“哎哟，查理！哎哟！查理，真疼!”哈里设法把他的手指从查理的嘴里抽出来。查理被哈里的尖叫吓了一跳，似乎要哭了。但后来他突然像个万圣节南瓜灯一样咧嘴大笑起来。哈里检查了他的手指有没有受伤，然后，在视频的高潮时刻，他也笑了笑，表示他安然无恙。

整场交流持续了 55 秒。2007 年 5 月 22 日，霍华德将视频传到网上，这样当时住在科罗拉多州的父亲就可以看到可爱的孙子们了。这段视频现在被亲切地称为“查理咬了我的手指——再来一次!”，并成为网上有史以来第一批广为传播的视频之一。自它上传以来，浏览量已累计超过 8 亿次，而在 2017 年，它在视频浏览量排行榜上排名第 11 位。

到底是什么让这段视频广为传播？宾夕法尼亚大学沃顿商学院营销学教授乔纳·伯杰对这个问题进行了研究，他认为，如果内容能刺激情绪，我们更有可能与他人分享它。在“查理咬了我的手指——再来一次！”的案例中，观众同时体验了几种情绪激荡，而幽默是最后的净效果。

但是，这与那些有着顽皮情商的人如何在生活中运用幽默有什么关系呢？

有趣的视频具有广为传播的潜力，是因为我们希望其他人能感受到我们正在感受的情绪，即使只是短暂的片刻。当这种情况发生时，我们的**联系会变得更加紧密**。幽默，无论是以分享视频还是分享笑声的形式，都可以成为建立联系的渠道，它在告诉其他人：一起探索、玩耍和培养一种关系是安全的。这就是有着顽皮情商的人在生活中运用幽默的两种重要方式中的第一种。霍华德不仅想让他的父亲看一眼哈里和查理，他还想与他的父亲建立**联系**。

在我的临床工作中，我没有看到我的病人从幽默中获得任何直接的健康益处，但我能看到幽默如何为他们打开联系之门。

* * *

维维恩认为她在菲律宾首都马尼拉的童年经历十分寻常。她是家里6个孩子中的老四，她的童年游戏是孩子的标配：娃娃、爬树、做饭游戏和去游乐场。然而，当她7岁的时候，她的母亲意外死于心脏病发作，留下了她的父亲和保姆抚养孩子。

维维恩的父亲是一个很严肃的人。她记得只有在他喝了几杯啤酒，讲着令人惊讶的故事时，才会听到他的笑声。然而，这些时光是罕见的，严肃是他一贯的态度。维维恩认为，也许父亲变成这个样子是因为他的妻子去世得太早。虽然如此，维维恩还是感受到了爱和关怀。

20岁出头时，维维恩在马尼拉唯一一家意大利餐厅尼诺·德罗马当收银员。一天下午，几个年轻的美国男人进入了餐厅。带着异乎寻常的灿烂笑容，其中一个男人走近维维恩并问道："您能以多快的速度做完一个比萨？"

这个男人的名字叫丹。丹在文莱做商业潜水员，当时正和一些美国朋友在马尼拉度假。在收银台后面的菲律宾女人身材娇小，美艳动人，丹被她迷住了。就像他描述的那样："过去维维恩身上有一些东西让我着迷，现在依然如此。"他无法把目光从她身上移开，每次她从收银机后面抬起头来，他都在微笑。然而，那天下午他开的玩笑却徒劳无功，维维恩没有回应他。接收了这个暗示，陷入单相思的丹回到了文莱。

6个星期后，丹又回到马尼拉，乘出租车直接去了尼诺·德罗马。这一次，他决定约维维恩出去。他在角落里的一张桌子旁坐下来，那里给他提供了一个完美视野去观察他的菲律宾心上人。维维恩疑惑这个似乎有些眼熟的美国男人是不是出了什么问题，他总是孩子气地朝她咧嘴笑。她走向刚刚点了一杯汽水的丹，问道："我认识你吗？"丹有些激动，他说自己几周之前来过这家餐馆，然后开始抛出一些笑话。丹是幸运的，因为维维恩正在学习让自己更轻松、更频繁地笑。丹的幽默引起了她的注意。

那天晚上，丹邀请维维恩和他共进晚餐，对此维维恩开玩笑地回答："我不应该和我的顾客约会！"然后对他耳语道："7点在角落见。"

丹不禁开始设想约会的浪漫画面，他一路飘着回到旅馆。黄昏时，他乘出租车去了餐厅，在角落里等待，合不拢嘴地傻笑着。当维维恩如约而至，朝丹走过来时，丹的笑容消失了。两个男人——他们俩都没有笑容——站在维维恩的两侧。幸运的是，他们是维维恩的兄弟！晚餐进行得非常顺利——对他们4个人都是如此。在维维恩和丹最初交往的一年半的时间里，家庭成员的陪同是一种常态，但丹对此泰然处之。为了永远赢得维维恩的爱，他愿意做一切必要的事情。

丹搬到了马尼拉，两人在维维恩的表亲家旁边租了一间公寓。作为维维恩所处社区里唯一的美国人，并且知道维维恩的家人用保护和爱包围着她，丹始终保持着良好的行为举止。但他也忠于自己。他开朗的举止、幽默感和总是带着笑容的脸，让当地人接受了自己。

一天下午，维维恩派丹出去买点牛奶。丹问市场上的一个工作人员，在哪里可以买到新鲜的susu——马来西亚语（文莱所讲的马来西亚语）中的牛奶。工人咯咯地笑着指着冷饮。当丹回到家时，他把这件事告诉了维维恩。她情不自禁地大笑起来，告诉丹在塔加洛语（Tagalog，马尼拉人说的语言）中最接近 susu 的词是 suso，意思是“乳房”。

维维恩和丹在菲律宾结婚，最终来到美国马萨诸塞州定居。当他们到达美国后，这对夫妇和他们之间的关系继续共同成长着，幽默仍然是他们爱情故事的重要组成部分。与维维恩的童年不同，在丹的成长过程中，顽皮已经司空见惯。他记得和父母之间无伤大雅的交锋，和朋友们之间持续了几个月的情景笑话。然而，直到丹长大了，他才真正开始体会到幽默的深层价值。当讲无害的笑话成为一种习惯，丹开始明白幽默是如何帮助自己与他人保持联系的。他看到幽默帮助人们，包括他自己，拆除他们的私人围墙，更开放地参与到对话中。丹最喜欢联系的人当然是维维恩，他的笑话逗得她笑，她的笑又让丹继续开着玩笑。大声唱跑调的歌，用化妆品把牙齿涂黑，给他们的朋友起些愚蠢的绰号，这些都是维维恩和丹最喜欢的把戏。

但生活中并不总是充满玩笑和游戏。维维恩和丹知道生活什么时候需要经历严肃和紧张——比如在 2008 年，维维恩注意到她的呼吸变得越来越急促的时候。她的检查结果显示，她患有一种童年时期未经治疗的链球菌性咽喉炎导致的风湿性心脏病。她的主动脉瓣膜在渗漏，血液正回流到她的肺里。

维维恩接受了主动脉瓣膜置换手术。一切都很顺利，5 天后维维恩回到了家中。但 5 年后，她又开始出现呼吸困难的症状。她做了第二次手术，而这次的情况不太好。在手术期间，她出现了休克。她的血压骤降，被迅速送往重症监护室（ICU）。在药物治疗和增压装置的作用下，维维恩的血压恢复正常，她脱离了生命危险。通常情况下，增压装置只需要使用一到两天，同时确定导致低血压的原因并予以治疗。而维维恩在重症监护室里度过的32天中，有24天都在使用增压装置。她的手和脚变黑了，出现了坏疽，因为她身体各处的血管都在收缩，导致手和脚的组织陷入缺氧状态。

令人惊讶的是，维维恩在重症监护室里活了下来，并从医院转到了康复中心。当你询问丹关于维维恩在ICU的时光时，他会用颤抖的声音告诉你："维维恩有好几次差点死在我身上。"维维恩到达康复中心时，脖子前面有一根气管造口管，胸部有一根透析导管，同时腹部有一根喂食管。对于一位从重症监护室最终转到康复中心的病人来说，她身上的导管、引流管和各种线并不令康复中心的工作人员意外，但他们却不知道维维恩将给他们留下什么样的印象。

从一开始，维维恩就把温暖和笑声传递给了周围的人，给了每个人力量。由于气管造口管的原因，维维恩说话不太清楚，当她在笔记本上摸索着写出潦草的问题时（她产生坏疽的手指几乎拿不住笔），总是微笑着自嘲。她还告诉康复中心的工作人员她有多享受生活中的小事，比如闻一个橘子的味道。这让那些工作人员也开始关注自己生活中的细节。她告诉护士们"高瞻远瞩"的危险，并和她们讨论把注意力集中在小的、可实现的目标上是多么重要，比如能够再次吃到黄色果子冻——这是维维恩在她到达这里的那一天为自己设定的目标。"一定是黄色的吗，维维恩女士?"工作人员问她。"只能是黄色!"她尖叫起来。大家总是和维维恩一起笑着。

经过近三个月的强化治疗后，维维恩的气管造口管和喂食管被拆除了。她又开始吃东西，从她珍视的黄色果子冻开始。到那时，她已经成为她的深紫色电动滑板车上——她称之为“维维号”（Viv Mobile）——一名合格的马里奥·安德雷蒂（传奇赛车手）。她灵巧地穿过走廊和房间，其驾驶速度和精确度在康复中心前所未见。当她在大厅里巡游的时候，工作人员假装是搭车客，不料竟收到了维维恩的经典表情，好像在说：“羡慕吧——你只能在梦中搭乘其中一辆！”

当然，维维恩在康复过程中也遇到了一些挫折。因为坏疽，她需要进行膝盖以下双腿以及左手和右手大部分手指的截肢手术。一如往常，维维恩没有使用大多数人会在此情况下使用的标准辅助设备。相反，她自己改造了一些工具，比如一对巨大的钳子——“维维钳”（Viv’s Claws）让她能到处拿东西。

当回忆起水疗中她的假肢在水池里松动的情景时，维维恩笑得很厉害。“救命！我的另一半飘走了！”她向她的治疗专家们大喊。当丹回忆起那天下午，他和维维恩拍了一张维维恩的假肢挂在淋浴器边缘的照片，把它分享给工作人员并和他们一起开怀大笑的情景时，他也笑了。让我们读一读照片背后的说明文字：“我的腿，我的腿！我必须记住我的腿！”通过幽默，维维恩和丹与康复中心的工作人员建立了紧密的联系，他们知道彼此可以互相依靠。

维维恩将重新学习如何驾驶、烹饪和绘画，尽管她被告知，她能够再次做这些事情的概率很小。她不同寻常的恢复过程证明了她经历过的所有身体康复的奇迹，也证明了幽默的力量。

在他们刚开始交往的时候，保持幽默是丹消除自己和维维恩之间的文化差异的一种方式。对维维恩来说，丹的幽默是她成长过程中的新鲜空气。虽然维维恩把自己幽默的觉醒归功于丹，但维维恩也给丹的生活带来了轻松。她对他的笑话一笑置之，并以身作则，告诉他最好不要把自己看得太过严肃。随着岁月的流逝，两人已经确保在他们的关系以及与其他人的关系中幽默都是最重要的。当被问及一起体验幽默的方式时，他们说：

> 我们总是看鼓舞人心或搞笑的电影。我们也看贺曼频道[①]，只是因为它很好看。我们也试着关注身边的人和朋友。我们喜欢和那些有幽默感的人待在一起。人生太过短暂，用其他方式度过太浪费了。

如果你问维维恩和丹如何用幽默与他人沟通，他们会告诉你："我们和别人在一起时不需要总是开玩笑，我们知道什么时候要严肃。我们通常会轻松、幽默地看待事物，也许这跟拥有一个很低的笑点有关。一直以来我们都是这样生活的。"

---

① 贺曼频道（Hallmark Channel）：美国的一个全球性的有线及卫星电视频道，24小时播放各种全年龄节目。——译者注

当维维恩的康复治疗接近尾声时，她对“热熨疗法”的爱（和痴迷）促使工作人员在洗衣间门上挂了一个标牌，上面写着“24 小时洗衣”。现在，每一次看到这个标志，工作人员就似乎看到了维维恩——做着热熨，吃着黄色果子冻，坐着她的滑板车巡游，使用她的钳子，当然，她在笑着。

* * *

幽默研究者罗德·马丁将**亲和型幽默**（affiliative humor）定义为“一种能使他人放松、娱乐和改善人际关系的人际幽默形式”。这是维维恩和丹经常使用的幽默类型，通常它会减少人与人之间可能存在的隔阂，为人际关系提供发展的空间。

我称这种幽默为“健康型幽默”。与讽刺、挑衅式的戏弄，自暴自弃式的幽默或其他不健康的幽默形式不同，健康的幽默能产生积极的影响——比如与他人更好地联系。同时它遵循一个指导原则：幽默不应该让别人感觉糟糕。相反，它应该让我们产生友善、快乐和被联系的感觉。

当我第一次观察人们的幽默感时，我以为有着顽皮情商的人会真的很有趣——总是讲笑话，而且多半会对生活漫不经心。令人惊讶的是，我发现未必是这样。相反，就像维维恩和丹一样，有着顽皮情商的人是精通健康型幽默的能手。尽管实质上未必更有趣，但他们在互动过程中似乎更少犯幽默错误。换句话说，有着顽皮情商的人似乎是回避不健康型幽默的专家，他们之间的绝大多数幽默交流都植根于健康幽默的结构中。

在篮球比赛中有一个类比，当有人说一个篮球队“不会犯错误”，这意味着该球队很少出现失误，比如把球抛出界外或运球不当。从运动能力的角度来看，这支球队可能不是球场上技术最好的或能力最强的球队，但是它犯的错误更少。类似的类比可以在其他运动中找到，如网球的非受迫性失误[①]统计。尽管一个人可能不是很有趣，但只要以一种健康的方式表现出一点幽默，就可以增强与他人的联系感。

那么，有着顽皮情商的人如何在社交互动中减少幽默错误呢？他们怎样把篮球和网球限制在界内？

我发现这个问题的答案可以归结为保障措施：有着顽皮情商的人使用（有时是有意识地，有时是潜意识地）各种各样的保障措施来降低参与不健康型幽默的风险。举个例子，回想一下如何利用顽皮的想象力特质设身处地为别人着想。当涉及幽默时，这种富有想象力的共情，能帮助有着顽皮情商的人看到对方的防线在哪里。快速而清晰地看到这条线之后，有着顽皮情商的人在开玩笑的时候就不太可能越过这条线。

同样，回想一下第2章中讨论的顽皮情商之一，社交能力的谦卑方面。正是这种谦卑——珀西·斯特里克兰和约翰·泽格利斯表现的那种——常常表现为自贬式的幽默。自贬是没有威胁且脆弱的，它允

---

① 非受迫性失误（unforced-error），也可以叫主动失误，指在网球比赛中，选手自身主动失误造成回球下网或出界，是与对手无关的失误。——译者注

许其他人进来，而且也不太可能冒犯他人。

换句话说，通过发挥想象力，看到禁止越过的线，并运用自贬、谦卑式的幽默，有着顽皮情商的人就能保护自己避开不健康的幽默交流。

我还发现，有着顽皮情商的人更容易笑，这对他们是另一层保护。这并不是说他们笑得不恰当或者过分。这只是意味着，如果给定一系列潜在的幽默环境，他们更容易笑而不是绷着脸。他们的笑声体现了情绪的轻松和顽皮，这对健康型幽默起到了促进作用。作为一个很容易笑的人，维维恩就是一个很好的例子。

有趣的是，低笑点与我们在生物学上如何彼此联系有关。人类很可能是为了建立和加强社会联系而开始彼此交谈。因为一场谈话只能容纳这么多人，所以人们认为，笑是作为一种与更大的群体交流和建立联系的方式被发展出来的。

大脑中控制笑的区域位于下皮层，下皮层中还包含负责呼吸和肌肉反射等无意识行为的结构。下皮层被认为是大脑中的非思考区域。轻松地笑（或者从某种意义上说，无意识地笑）可以被认为是人类内置的生存机制，以表明彼此之间的联系和结合是安全的。

罗伯特·普罗文博士，一位神经科学家和心理学教授，在他的职业生涯中对这个概念进行了广泛研究。普罗文观察了身处公园、人行道和购物中心等环境中的人们，他发现笑在更多情况下与人际关系有关，而不是与幽默有关。他指出，在社交场合，我们笑的可能性是独处时的30倍。他还发现，大多数成年人的笑不是跟着笑话而笑，反而是为了打断讲话，往往发生在出现停顿时。

我在有着顽皮情商的人身上观察到的另一种避开幽默错误的保障措施是，故意将自己暴露在幽默之中。这似乎有点老套，但在我的大部分采访和观察中，有着顽皮情商的人非常重视生活中经历的幽默。无论这种幽默来源于媒体、表演，还是人际关系，有着顽皮情商的人会腾出时间来体验并重视这些有趣的经历。这有助于他们不断深化对健康型和不健康型幽默的理解。

问问自己“我是否足够重视幽默，是否能有意识地把时间花在幽默上面？”当我问别人（和我自己）这个问题时，我发现大多数人都因幽默的内在价值而重视它，但这种重视不一定会促使我们在闲暇时把幽默放到优先位置。行动总是比言语更响亮——一个人可以说他或她重视幽默，但很少去主动寻求它。

当人们在正式的研究中被问及他们是否重视幽默时，大多数人的回答都是肯定的（谁会说自己不重视幽默呢？）。例如，男人和女人都把幽默列为他们寻求伴侣时看重的特质之一。出于同样的原因，91%的高管认为工作场所的幽默感对职业发展很重要；84%的高管相信有幽默感的人工作会做得更好；而80%的高管认为幽默在成功融入企业文化中起着重要的作用。

所以说我们重视幽默，但我们真的会把时间花在幽默上面吗？我们是否正在学习幽默，以便更好地理解它如何发挥作用，并更好地定位它在我们生活中的位置？尚未有人直接研究这些问题，但是有一些间接数据可以提供部分答案。

根据统计数据，美国人平均每天花 5.26 小时从事与休闲相关的活动。在过去的 10 年里，这个数字一直保持在 5 小时以内。尽管我们不知道有多少闲暇时间花在与幽默有关的活动上，但是看电视是排在第一位的休闲活动，约占每天休闲时间的一半（2.8 小时）。社交则排在第二位，约占每天休闲时间的 14%（43 分钟）。

首先来看社交，正如我们在维维恩和丹的故事中看到的，当一段友情或爱情正在酝酿时，我们应该考虑另一人是否具有幽默感。这不仅对维持长久的关系很重要，对考虑真正花在幽默上的时间也很重要。

至于看电视，问题在于我们是否正在花时间观看有趣的节目。关于这一方面，最好的数据来自尼尔森[①]，该数据显示，情景喜剧在2001 年至 2011 年黄金时段的总收视率中排名垫底。真人秀和电视剧是最流行的两种类型。这个数据的一个有趣变化是，当统计飞机上的收视率时，顺序排名便颠倒了过来。人们更有可能在飞行娱乐系统上观看流媒体喜剧，而不是真人秀或电视剧节目。当我们与外界脱节或放松时，例如在旅行或度假时，我们是否会更多地寻求幽默，与我们处于日常状态时正好相反？这是很难确定的，但无论如何，我们的目标应该是足够重视幽默，有意识地花时间在幽默上，即使没有身在 30 000 英尺

① 尼尔森（Nielsen）：全球著名的市场监测和数据分析公司。——译者注

（约合 9.1 千米）的高空。

那么关于喜剧俱乐部和搞笑电影呢？关于喜剧俱乐部参与人数的数据很少，但在英国进行的一项研究发现，半数受访人群每年至少参加一次喜剧俱乐部。就电影而言，在史上票房最高的 100 部电影中，只有《怪物史莱克》系列作为喜剧跻身榜单。同样，在奥斯卡金像奖的 87 年历史中，仅有 6 部喜剧电影获得了令人垂涎的最佳影片奖：《一夜风流》（1934 年）、《浮生若梦》（1938 年）、《与我同行》（1944 年）、《汤姆 · 琼斯》（1963 年）、《骗中骗》（1973 年）和《安妮 · 霍尔》（1977 年）。

最终，当谈到把时间花在幽默上，这些数据表明了什么并不重要。重要的是，你是否感觉到自己正在有意把时间花在幽默上，以及当它出现在你的面前并占据中心位置时，你是否能够识别出什么是健康的幽默。如果答案是“没有足够的时间”和“不确定”，那么这可能在暗示你需要多花些时间寻找一点幽默。

成长在 20 世纪 80 年代，一直以来我最喜欢的喜剧电影是《春天不是读书天》。如果你以前从未看过这部电影，那它是值得一看的。当我在生活中需要一些灵感，以便更多地把幽默放到优先位置时，我经常会利用电影中费里斯最著名的一句台词：“人生太匆匆，若不偶尔停下来看看周围，你会错过很多风景。”这句台词提醒我，要在日常生活中寻找幽默。

有着顽皮情商的人会利用他们的想象力看见别人的防线，用自贬点缀他们的社交，容易笑，主动寻找幽默——所有这些都是为了给他们自己的幽默提供最好的机会，以帮助他们与他人建立联系。

正如我们将在本章的后半部分看到的，幽默赋予有着顽皮情商的人的生活另一种同等重要的力量，它就是弹性。

或许费里斯应该说，当生活节奏快得让人害怕的时候——快得我们都喘不过气来，一两声大笑有时能给我们提供一点空气。

* * *

布伦达·艾尔莎为了庆祝 39 岁生日，和朋友们在明尼苏达州明尼阿波利斯市美国购物中心的一家喜剧俱乐部聚会。布伦达喜欢喜剧，她有很强的幽默感，可以让人们放松下来。这种幽默感来自她的父亲尤金，他是家里的“小丑”。尤金，或“驼背（Hump）”[因矮胖子（Humpty Dumpty：汉普蒂·邓普蒂，童谣中从墙上跌下摔得粉碎的蛋形矮胖子。）得名]，对那些和他比较亲近的人说很多俏皮话，同时也会讲很多能使人笑出眼泪的有趣故事。他的一个经典笑话是对着晚餐的客人耳语：“你实际上正在将所有对话和食物一起吞下。”当他看着布伦达、她的妈妈和 7 个兄弟姐妹在吃东西的时候一直喋喋不休时，便会这样小声说。

多年来，布伦达一直暗暗梦想成为一名喜剧演员。她崇拜琼·里弗斯[①]的自贬式幽默和乌比·戈德堡[②]的辛辣视角。她想象自己在舞台

① 琼·里弗斯（Joan Rivers）：美国喜剧界传奇人物。——译者注
② 乌比·戈德堡（Whoopi Goldberg）：美国演员，脱口秀主持人。——译者注

上会很放松，但她从来不觉得自己足够聪明、反应迅速。

当布伦达和朋友们在喜剧俱乐部玩得很开心的时候，她大胆宣称："我要为了我的40岁生日成为一名喜剧演员。你们会在台上看到我的！"她的朋友们笑着，礼貌地点点头。他们以为是布伦达的巨型玛格丽特鸡尾酒让她喝醉了。

布伦达是个发型师，这是她21岁以来一直从事的工作。她从未想过自己会成为一名发型师。"在我快20岁的时候，刚好有一天去理发，发型师问我这辈子打算做什么。我不知道，所以他建议我从事美容业。这次谈话对我影响很大！"

布伦达没有钱上大学，她的家人也没有。美容似乎是一个能维持生活的合理选择。在高中通过电话进行市场调查的经历，也给布伦达带来了一些沟通的经验。在美容学校，她能顺利与客户建立私人关系，但她不认为自己能把头发剪得很好。她希望她的自信能跟她的技巧一同得到改善。

布伦达最终成为一名很优秀的发型师，而且人们喜欢在剪头发的时候和她交谈。她也享受倾听他们的故事，偶尔提出一些建议，吸取着客户们的智慧。

生活对于布伦达来说是忙碌的。她的丈夫巴赫贾特从事计算机相关工作，他们有两个年幼的孩子，约翰和汉娜。布伦达工作中最大的问题是不得不长时间站着。结果，她患了严重的痔疮，有时甚至会出血。布伦达开玩笑说："我和药店的店员都成了很好的朋友。"

布伦达在喜剧俱乐部庆祝了 39 岁生日后不久，痔疮就开始发作。她很难找到一个舒适的姿势。这种疼痛难以忍受，甚至影响到了她和丈夫的性生活，她常用的治疗方法也不起作用。

她在之后的一个星期去看家庭医生。医生检查了布伦达的身体，确认疼痛是由痔疮导致的。那天，一位在痔疮治疗方面有经验的外科医生也在办公室。布伦达的医生请他去为布伦达看诊，征求第二意见。

布伦达回忆说，这位外科医生“胆大、严肃，有一种很自信的气质”。他介绍了一下自己，接着开始检查布伦达的身体，这种疼痛和她以前感觉到的都不一样。布伦达试图转移注意力，她对外科医生说：“医生，你认为上帝为什么把我们的直肠放在那里？为什么不放在我们的臀部或更容易触及的地方呢？”

这位外科医生连一丁点笑声都没有发出。他继续进行检查，对布伦达直肠上的肿瘤进行了活检。

布伦达记得外科医生说她得了直肠癌的那一刻。“我无法控制地哭了起来，感觉自己的脊柱好像变成了果冻，融化在了椅子上。”外科医生告诉布伦达，她需要切除部分直肠，切除部分阴道并重建。为了她以后的生活，还需要做一次全子宫切除术和永久性结肠造口术[①]。目前尚不清楚她是否需要进行化疗或放疗。她的预期寿命可能很短，也可

① 结肠造口术：外科医生为了治疗某些肠道疾病（如直肠癌、溃疡性结肠炎等），在患者腹壁上做的人为开口，将一段肠管拉出开口外，翻转缝于腹壁，从而形成肠造口，解决患者的排便问题。——译者注

能正常。

布伦达离开办公室，啜泣着开车，在头脑中计划着她的葬礼。布伦达是个乐观主义者，但她不可能不去想那一切未知数：孩子们和巴赫贾特会怎么处理我脱落的头发？我不想让他们看到我呕吐的样子，穿着睡衣无精打采地躺着，没有任何精力把我的孩子们抱在怀里。没有别的女人能像我这样关怀他们。他们喜欢我用滑稽的声音朗读东西给他们听，喜欢一起在晚上祈祷。我想看到孩子们长大，和汉娜一起为她第一次参加赛迪·霍金斯舞会（女生择伴舞会）的盛装打扮而兴奋，也想看到约翰第一次开车。一想到不能和他们笑着讲笑话，或者一起去探险，我就要疯了。巴赫贾特需要我的陪伴，他工作太努力，把生活看得太严肃了，我想和他一起去巴黎，我们花了太长时间才找到彼此。

那天晚上，布伦达、巴赫贾特、约翰和汉娜拜访了布伦达的父母，将这一消息告知他们。布伦达问了她爸爸尤金关于经济的问题。“爸爸，假使我死了，你认为巴赫贾特会有足够的钱吗？我甚至不知道我身上有什么人寿保险。”尤金让布伦达问了所有她想问的问题，然后平静地说：“布伦达，你可能刚好会活下来。”

他们笑了，房间里的紧张气氛被打破了。布伦达还没有真正考虑过这种可能性。几个兄弟姐妹和其他亲戚们很快来到家里，获悉了这个消息。家中一度出现混乱，布伦达的姨妈贝蒂大声问着：“布伦达，你是说你得了结肠癌还是直肠癌？”

布伦达回答说："医生称它为结肠直肠癌。他说直肠是结肠的最低部分。所以，我得了肛门癌！"大家都笑了。

布伦达的诊断消息传遍了她所在的社区。布伦达还了解到，她的癌症很可能没有扩散到直肠以外。她继续工作，并得到了同事们的大力支持。"有时没有人说话，"布伦达回忆道，"一位造型师走过时给了我一个飞吻。另一位握了握我的手，而第三位停下来给了我一个拥抱。"

布伦达的朋友和家人都投入进来，从为她打扫房子、准备饭菜到带她去医院看病、照顾约翰和汉娜。他们还帮助布伦达保持轻松的心情。一个住在日本的姐妹——劳里，写了电子邮件说她想要帮忙。其中一封说："布伦达，我更想要保留自己的直肠，所以我可以捐献我的阴道，如果你需要它的话。我最近用得不多。爱你的劳里。"

对于布伦达来说，在最初的几周里，最轻松的时刻是她与妇科医生会面，讨论将在手术期间进行的阴道重建。这个外科医生提到术后可能会产生大范围的疤痕组织，她的阴道有可能完全闭合。由于布伦达是一个年轻的已婚妇女，并且性行为活跃，所以外科医生说，她可能需要在她的阴道内戴一个扩张器，以防止阴道壁在愈合中闭合。布伦达欣然接受了医生的建议。

手术的日子到了，布伦达很紧张。除了收到诊断结果的那一天，这是她有生以来感到最害怕的一天。万一出了差错怎么办？如果癌症比她的检查结果显示的还严重怎么办？随着担忧的加剧，布伦达开始感到异常焦虑。

然后，一些意想不到的事发生了。那天早上，布伦达的妈妈海伦，在布伦达被送回手术室之前，去医院看了她。海伦是这个家庭里最严肃的人，她的笑容并不多见。她总是在打扫卫生、组织家务，让家里人一直有任务可做。

"这是给你的，布伦达。"海伦说。她给了女儿一个小盒子。

"哇，妈妈，一个礼物？"海伦自发性的慷慨出人意料。布伦达被这个举动打动了。她打开盒子，发现里面有一对漂亮的耳环。

"它们太漂亮了，妈妈。多谢。"

"当你从手术室出来的时候，会有另一对耳环等着你。"海伦回答。

布伦达笑了。"这是引诱吗，妈妈？我敢打赌，另一对会更好看。假使我死了，你就把它省下了，不是吗？"

"哦，布伦达，你怎么能这么说？"海伦笑了。

布伦达开玩笑说："现在我有一个理由活下去了，妈妈，只要这个悬念不杀了我。"

布伦达和她母亲在一起笑得很厉害，比她们在以前相当长的共处时笑得更厉害。然后海伦弯下腰来，轻轻地吻了一下布伦达，给了她一种只有一位母亲的爱才能带来的平静感。当她进入手术室时，布伦达告诉她的直肠外科医生——她现在称他为"海军少将"（the Rear Admiral）[①]——要好好工作。她询问她的妇科医生今天他的手是否很

---

① Rear有"屁股、后方部队"的意思，此处"海军少将"代指治疗直肠疾病的医生。——译者注

稳。他回答说:“是的，到目前为止我只喝了一杯咖啡。”

7个小时后，布伦达在外科重症监护室里醒来。这场手术进行得很顺利。她从胸部到耻骨上都钉了钉子，下腹做了结肠造口手术。她的鼻子上还挂着一根喂食管，两腿之间插着一根导尿管，两腿上还套着气动压缩长袜，以防止血液凝结。

当布伦达醒来时，巴赫贾特就在她的床边。他靠了过来。布伦达知道，他只会说自己想听的话来安慰她。

“布伦达，亲爱的，你看起来就像我的立体音响系统的背面（插满了线）。”

布伦达忍不住笑了。笑起来很痛，但同时感觉很好。在布伦达手术后，第一个去看她的医生是海军少将。“好消息，布伦达，”他说，“我几乎可以确定，我搞定了一切。”

布伦达开始哭泣。“我从心底感谢你。”她说。

“我的荣幸，”他回答，“而且，我也不知道为什么上帝会把直肠放在那里。”他们一起笑了。

布伦达在医院里待了15天，用于恢复身体并了解她所谓的“新制服”——包括一个重塑的阴道和一个结肠造口。每天都有一两位朋友来访。日复一日，每天都有一位朋友在她身边，布伦达慢慢地在走廊上活动来增强体力。她的房间里堆满了卡片、鲜花、气球和其他象征善意的东西，她的弟弟里克带来了最令她难忘的礼物。

“哦，里克，你拿的是什么东西?”当他走进房间时，布伦达问道。

“你过去的一个东西，我认为你现在需要它。”里克任性地咧嘴笑着说。

里克给布伦达带来了一个4英尺（约1.2米）高的草坪装饰品——那是布伦达几年前作为一个玩笑送给他的——一个向前弓着腰的胶合板女人，在一件色彩鲜艳的裙子下面暴露出她丰满的臀部。里克在她的屁股上画了一个大大的红色圆圈，中间画了一条红线。

当布伦达回到家时，她继续感受到家人和朋友的大力支持。她还收到了不需要接受化疗或放疗的通知。这位海军少将已经把她所有的癌症部位切除了。也许对于布伦达来说，最大的转变是学习如何接受和管理她的结肠造口。陡峭的学习曲线[①]有时会使她气馁。对于布伦达来说，这是一个全新的常态，对此她没有感到特别兴奋。但她知道这比另一种选择要好。

她回忆道：“尽管我对生活心存感激，但我还是为自己要用结肠造口生活感到难过。我试着尽可能多地笑，即使有时不得不强迫自己。”

约翰和汉娜在布伦达的康复中发挥了重要作用。“我的孩子们是我的主要动力。”布伦达说。她比以往任何时候都更想为他们而坚强，并在他们需要她的时候陪在他们身边。布伦达开始以新的方式关注约翰和汉娜。当他们玩耍时，她带着极大的喜悦和惊奇看着他们。她想象

① 学习曲线：对学习速率的图形化表示。陡峭意味着这个内容特别难学。——译者注

着和孩子们一起变老，看着他们度过童年和青春期，组建自己的家庭，并为社会做出贡献。直肠癌迫使布伦达停下来，用一种全新的眼光看待她的孩子们和巴赫贾特，还有他们一家人的生活。

一天，布伦达的一个好朋友给了她一本关于“通道”（pathways）的小册子，这是明尼阿波利斯市的一个健康资源中心。该中心的任务是帮助人们应对慢性疾病或不良健康状况。从一开始，布伦达就被那里的环境和人们流露出来的接纳态度感染到了，她说：“‘通道’是一个真正安全的环境，让我能公开分享我的故事、悲伤和反思。”

在“通道”里，布伦达开始参与一项名为“重新生活”的为期9周的课程，她学会了做出对她来说更好的选择。她还了解到疾病的意义，以及它如何使人找到新的意义和目标。她告诉其他参与者，幽默感是她保持复原力的重要原因。她也总是被每个人都想帮助她的愿望以及其他参与者的故事感动，他们像布伦达一样，忍受着恐惧的重负来到这里。

布伦达之后这样描述她的经历：

> 我决定尽可能活在当下。时间是宝贵的，而我不想浪费每一分钟。我下定决心再也不会用我生活中一整天的时间来打扫我的房子了，我会更加关注我的女儿或儿子。“通道”用目标、选择和大胆的爱，帮助我明确了我想怎样度过余生。我不想生活在悔恨中。这很讽刺，癌症成了一份机遇和礼物，它提升了我的生活质量。

伴随着一种重新开始的目标感和意义感，伴随着幽默在她的故事中占据了更大的比重，布伦达知道，她需要追逐一个伟大的梦想，一个已经在她心中存在了很长时间的梦想。

* * *

查理·卓别林曾经说："要想真正地笑，你必须能够忍受痛苦并与之玩耍。"就像布伦达一样，我为写本书而交流过的大多数有着顽皮情商的人，不仅会使用他们的幽默感来与他人沟通，也会使用幽默感来应对紧张的处境。维维恩和丹必定是这样做的。在有着顽皮情商的人的头脑中，幽默不一定被用于遇到的每一个困难——从这个意义上来说，幽默并不是一种默认的应对机制——它是一种在需要时，可以以各种不同的形式有意识地被调用的东西。这并不是说幽默总能起作用（为了加强联系或使我们渡过难关）。事实上，在许多方面，幽默就像一种药物，只在某些时候起作用。如果你从来没考虑过它能做什么，那么它永远不会有任何起作用的机会。

要注意到一点，在我的采访中，我没有观察到被采访者使用幽默作为一种躲避挑战的方式。布伦达饱尝了各种痛苦的情绪，但她没有用幽默来逃避现实。在感觉濒临失控的处境中，她将幽默作为喘息和获取一点控制权的方式。

幽默理论家们假设，这正是幽默为我们提供复原力的机制。当我们能够在压力之中笑出来或找到幽默之处时，我们就给了自己一段远离这种处境的心理距离，结果证明这种做法有着不可思议的强大力量。通过把自己置于一个观察者的角色，站在我们的痛苦旁边，我们可以从一个更轻松的角度看待它，关键是这个距离不能很远。我们不是在逃避我们的压力，我们正站在它旁边；我们不是在否认逆境本身带来的创伤，而是用幽默来改善与此相关的情绪和心理状态。

在实验室里，模拟研究对象的压力经历，然后测定他们的反应，已经成为研究幽默与复原力之间关系的流行模式。在研究期间，参与者通常会观看让他们产生压力的视频，处理无法解决的数学问题，或者被告知（虚假地）他们将受到一次轻微电击。已经发现的情况是，那些具有较高幽默水平的参与者，或那些能在他们正在做或看的事情中保持幽默感的参与者，通常会体验到较少的压力。

考虑到布伦达面对的是威胁生命的疾病这个压力源，在这种情况下，有关幽默的复原力效应的研究证据就不那么清晰了。针对患乳腺癌的女性的研究有很多，而幽默和复原力之间的相关性还没有被发现，除了一个例外。一项研究从正在接受乳腺癌治疗的女性与她们的丈夫之间如何互动这个角度出发。研究发现，有些女性的丈夫能在他们的互动中温柔而有礼貌地加入一些幽默元素，这类女性有着较低的压力水平。

或许这才是真正的智慧所在。本章前半部分的概念——幽默是一种将我们与另一个人连接在一起的力量——很有可能是幽默的复原力效应的根本所在。在面对压力的时候，当幽默把我们和另一个人连接在一起时，我们会感觉到来自那个人的支持，从而感觉到更有复原力。这与绞刑架幽默的概念是相似的，绞刑架幽默是指一起经历痛苦的人们之间分享的幽默。绞刑架幽默在癌症支持小组中很常见，而且已经被证明可以加强这些小组内部的社会联系，给予成员复原力。

就像其他面临死亡的人一样，对布伦达来说，她从来没有对直肠癌可能会夺去她的生命这一事实一笑置之。但她利用了幽默，以及其他应对策略来平衡她的悲伤。正如俗话所说，有时候生活会让我们处于一些使我们不知道该笑还是该哭的处境。我们得到的教训是，我们既不应该害怕哭，也不应该害怕笑。特鲁维・琼斯在 20 世纪 80 年代的电影《钢木兰》中说得很好："含泪而笑是我最喜爱的情绪。"

维维恩、丹和布伦达肯定会同意的。

* * *

"记住，你说过要为你的 40 岁生日做这件事，你只剩 6 个月了！"布伦达的姐妹艾米用了激将法。像这样的鼓励以及在"通道"的经历，给布伦达提供了她所需要的动力和信心，来实现成为喜剧演员的梦想。

在她康复期间，一个朋友给布伦达报名了喜剧学习班作为礼物。现在布伦达的状态已经恢复到可以参加学习班了，她渴望尝试一下。她的老师是怀尔德・比尔・鲍尔，一位喜剧老手。美国著名喜剧演员路易・安德森曾提到，他是"自己共事过的最有趣的家伙"。比尔鼓励全班同学养成把素材写下来的习惯，教导他们把握时机的艺术以及如何把观众的热情调动起来。布伦达惊讶地发现她是多么喜欢写下自己的素材，更不用提寻找分享新笑话的最佳方式这个挑战。

她的首次登台，是在明尼阿波利斯市一家喜剧俱乐部的业余爱好者之夜，那是在她40岁生日的两天后。布伦达为自己举行了一次派对，邀请了150位来宾。她表演了10分钟，用关于她丈夫的素材开场：

> 他的名字叫巴赫贾特（Bahgat）。有些人觉得这名字很拗口，所以他说："叫我巴奇（Baggie）。"我的一个朋友便叫他"垃圾袋（Ziplock）"[①]。
>
> 他拥有我见过的第一个立体声环绕系统。三个立体声系统分别在三面不同墙壁上配有扬声器。他唯一的问题就是要找三位朋友准确地在同一时间把ABBA乐队[②]的磁带放进去。

观众爱上了布伦达的表演。几周后，怀尔德·比尔和布伦达的几个朋友鼓励她参加在明尼阿波利斯市顶点（Acme）喜剧俱乐部举办的"双子城最有趣的人"业余爱好者竞赛。布伦达没抱什么期望，但令她吃惊的是，第一轮她赢了。令她更吃惊的是，第二轮她又晋级了。然后，布伦达发现自己从150多名参赛者中脱颖而出，进入了决赛。

---

① Ziplock baggie：垃圾塑料袋的意思。——译者注
② ABBA：瑞典流行音乐组合。——译者注

经过一场三分钟的表演后，她点了一杯葡萄酒，等待评委宣布获胜者。“布伦达·艾尔莎请上台，你获得了‘双子城最有趣的人’的称号！”布伦达几乎把她嘴里的酒喷了出来。

第二天早上，她上了当地的广播电台，这是一场小型媒体轰炸的开始。在一次访谈中，一位记者问她是否做过任何关于癌症的公开演讲。尽管在这方面没有多少经验，布伦达还是说：“是的，我有。”然后记者问她给演讲取了什么题目。布伦达头脑中并没有一个题目，就即兴回答道：“危机中的幽默。”

在接下来的数月乃至数年里，布伦达慢慢地结束了她的发型师生涯，开启了作为一名喜剧演员和癌症演说家的人生。如今，将近20年后，布伦达成了一名全职演说家、喜剧演员、作家，还有最重要的——一位妻子和母亲。在她的大部分演讲和文章中，都有关于癌症之旅的趣闻轶事，尤其是幽默如何成为她的一个生存策略。每次演讲，她的开场白都是对观众说：“注视你旁边的人的眼睛，把‘直肠’这个词大声说三次。”

有趣的是，当我和布伦达交流时，她想起了被诊断为直肠癌的那一天。她记得她是怎样不停地哭泣。但第二天，她没有掉一滴眼泪。相反，她笑着面对一切。她知道需要释放情绪，需要去笑，也需要去哭。

她还强调，如果没有别人的支持，她不可能撑过癌症。幽默曾经是，现在仍然是她的人际关系中一个连接性的力量。“人们就像你收到的礼物，”她说，“我收集人们和他们的故事，就像其他人收集小雕像或棒球卡一样。我做了 27 年的发型师，从中得到的乐趣是，人们和他们的故事总是具有启发性和新意。我们通过那些故事，通过那些艰难的抑或有趣的时刻彼此连接着。”

在她初次手术后的第二年，布伦达和家人前往埃及探望巴赫贾特的家人。一天，他们在一个叫阿斯旺的城市观光，参观了位于尼罗河西岸沙漠中的一组名为阿布辛贝的古老神殿。返程的 4 小时中，在穿过沙漠的巴士上，布伦达注意到沙漠里散落的骆驼尸体，大多数只是一堆骨头。她开始清点它们，有上百只。布伦达让巴赫贾特去问巴士司机，为什么有这么多骆驼死在沙漠里。司机解释说：

> 埃及南部的国家苏丹的骆驼养殖户，会带着他们的骆驼穿过沙漠，来到阿斯旺把它们卖掉。这是一段漫长而艰苦的旅程，没有食物、水或运输骆驼的交通工具。骆驼的身体特性使它们能够在饥饿和干渴中长时间生存，甚至长达数周，但有时它们也会感到疲劳。骆驼一旦在沙漠里坐下来，再让它们起来行走几乎是不可能的。悲哀的是，农夫别无选择，只能把那头动弹不得的骆驼留下，以挽救其余的骆驼。他们的谋生之道，靠的是让其余的骆驼继续前进。

当凝视着窗外被车轮激起的沙尘和散落在沙中的骆驼骨时，布伦达的情绪激动起来。她想到癌症或任何毁灭性的疾病，都是一个人试图穿越的巨大沙漠。她想到，就像那些骆驼养殖户一样，为了生存，她不得不割舍珍贵的东西，包括身体的一部分。对其他人来说，这可能意味着放弃一份工作、一段婚姻或一个梦想。

无论对你来说放弃的是什么，要记住幽默可以成为一种强大的连接力量和复原力。当我们依赖于人际关系和复原力得以在沙漠中继续前行时，这种认知能帮助我们走向更光明的未来。

轻松学会幽默

● 连　接

你可以重塑自己的幽默感，让它在你的人际关系中成为一种连接性力量：①注意到对方的防线；②通过自贬表现出谦逊。轻松地笑，同时努力花时间做一些涉及幽默的活动——比如观看一场有趣的电影或去喜剧俱乐部。

实际上，想象别人的防线和保持谦逊这两件事可以同时发生，这时你将愉快地完成与他人的互动。一个例子是，我曾经和父亲进行过一次幽默的交流。我父亲的第一份事业是职业曲棍球手。他在 20 世纪 70 年代为匹兹堡企鹅队和底特律红翼队效力。退役后，他开始了第二份工作，为各种公司做销售代理，到密歇根各地的商店推销商品。

多年来，我父亲几乎卖过人类已知的所有小玩意儿，从各种小雕像到小型灯塔复制品（密歇根州的灯塔数量比其他任何州都多）。和布伦达·艾尔莎一样，我父亲也喜欢收集他多年来遇到的店主的故事。工作中人际关系的维度赋予了他一种使命感和意义。这就是说，他会是第一个告诉你他是靠卖垃圾为生的人。诚然，其中有些是好的垃圾，这类垃圾能帮助我们记住生活中的特殊时刻。但也有相当多不好的垃圾，这类垃圾扰乱了我们的生活。

一个星期天的晚上，父亲和我准备出去吃些比萨作为晚餐。下午早些时候，他来我家和我的女儿们玩，正赶上我和我的妻子安娜回来。我们开车的时候，他问我的新工作进展如何。那时我刚刚到一个新的卫生系统的肠胃病科就职。

“安斯（安东尼的简称），新工作怎么样？”他问道。

“很好，”我回答，“我很喜欢我的同事。”

“很高兴你对这个变化感到满意。”

“谢谢，爸爸。”

这里有段停顿。

“但我不知道你是怎么做到的，安斯。”

“您指的是什么，爸爸？”

“你知道，在做结肠镜检查的时候你必须处理垃圾（crap），字面上的意思（crap 字面上的意思是粪便）！”

我们都笑了。

“我猜，有其父必有其子，”我回答道，“您也必须处理你那堆‘crap’！”

我们都笑出了眼泪。这是一个特别的连接时刻，它建立在对于我们各自工作的健康型幽默的基础上。

下次当你注意到在和某人的交流中，恰好可以插入一个幽默时，记得想象一下对方的防线在哪里，保持谦逊的想法，然后轻松地笑出来。如果你这样做了，那么你即将拥有一次良好的互动，可能会让你更接近和你一起笑的那个人。

● 复原力

在艰难时期寻找幽默并不容易，特别是当情况涉及你的健康或与你亲近之人的健康时。但是如果你能找到它，不管它有多微小，都可能是一个巨大的复原力的来源。

在艰难时期更容易找到幽默的一种方法是，在不那么艰难的日子里练习寻找它。当你面临的挑战或处境不是一个人的生与死的时候，会更容易探索作为复原力的来源的幽默感。然后，当更严峻的挑战来临时，你将做好准备。

同时还要记住，这不是决定是否笑或者哭——而是选择是笑还是哭。

第 4 章

自发性

鲍勃于20世纪60年代出生在玛丽和戴尔·萨瑟兰的家庭中。由于6个孩子年纪相仿，萨瑟兰家十分热闹。他们住在密歇根州底特律市郊区罗亚尔奥克一所不起眼的简陋房子里。玛丽是一名教师，戴尔是一名校长。大部分时间中，两人分担家务和抚养孩子的职责。他们的育儿哲学结合了对某些事情的灵活和对其他事情的坚定。正如鲍勃所说："我们有一些明确的规则，也有一些模糊的规则。"

夏天的时候，萨瑟兰一家在密歇根州下半岛北部度过了一段时光。这个地区被密歇根人亲切地称为"北部"或"北密歇根"，是密歇根最不为人知的秘密之一。沿着密歇根湖的北部湖岸线，蜿蜒的沙丘与宏伟的断崖融合在一起，形成了美国最美丽的风景之一。北密歇根也有许多迷人的城镇，每个城镇都有自己的冰激凌店、艺术画廊和比萨店。

在20世纪60年代末，萨瑟兰一家居住的地方——密歇根州东南部的人口迅速增长。玛丽和戴尔知道这一点，并考虑了它可能会对他们年轻的家庭产生的影响。玛丽和戴尔在北密歇根有过许多愉快的体验，同时也被那里不太拥挤的生活空间所吸引，于是在1971年决定离开密歇根东南部，北上搬到格伦阿伯镇——一个坐落在密歇根湖东北岸的小镇。

玛丽是这次行动的前锋。她把格伦阿伯看作一个可以让她的家人们成长、玩耍的自由之地。正如鲍勃所解释的，“母亲一直是家庭减压的保护者”。从这个意义上说，玛丽的父亲保罗影响了她。20 世纪初，保罗是俄亥俄州贝尔蒙特县一位著名的检察官。每当他审理一个案件时，都会有数百名旁听者。保罗在他的论点中利用了报纸漫画和滑稽故事，通过将喜剧编织到他的法律观点中，他与法官和陪审团建立了融洽的关系，同时抵消了之前积累起来的一些压力。鲍勃说：“他身上有很多马特洛克[①]的特点——多姿多彩、谦逊而又非常有趣。”

当这家人搬到格伦阿伯时，戴尔的工资减少了，他担心这会造成财务压力。但是玛丽鼓励他考虑一下格伦阿伯能给他们提供的更低的生活成本和更多的自由。“戴尔，有 6 个孩子，我们将永远是贫穷的，”玛丽告诉他，“所以我们还不如贫穷且快乐着！”她的乐观、对新体验的开放和灵活性一直影响着戴尔。正如鲍勃所说，玛丽有一种“去玩耍！”的态度，这帮助她生活得更轻松。她不仅为孩子们，也为自己和戴尔安排出自由玩耍的时间。她对生活的不可预知性总是抱有敬意。

一旦萨瑟兰一家在经济上和情感上都适应了格伦阿伯的新环境，戴尔很快就会重拾他遗留在罗亚尔奥克的感觉，和他的孩子们愉快玩耍。鲍勃想起了他爸爸在早上突然大声吹口哨叫醒大家的情景。戴尔相信每一天都会带来新的机会，还有什么比快乐地吹早起口哨更好的开始方式呢？戴尔还尽量在晚饭前从学校回家，这样他就可以和孩子

---

① 20 世纪 80 年代美国经典律政剧《辩护律师》中的人物。——译者注

们一起冒险或玩游戏了。他最喜欢夺旗游戏、徒步旅行和蘑菇狩猎。乒乓球比赛也很受欢迎——失败者必须洗碗。

随着孩子们的成长，玛丽和戴尔试图传授给他们的最重要的一课或许是告诉他们，工作和乐趣可以共存。他们希望孩子把工作看成一种可以将顽皮之线纺入其中的东西。玛丽和戴尔知道，乐趣和顽皮可以与健康、富有成效的工作紧密结合，甚至可以使工作更加有益和有意义。

为了实现这个目标，每年夏天戴尔会和孩子们一起做一个项目。一次，他们在房子后面建造了一个木制的平台。从他们第一次去格伦阿伯的木材厂，到敲最后一个钉子，戴尔让这个项目像是一次冒险。他会为孩子们编造富有想象力的挑战，比如在木材厂寻找合适的厚木板（仿佛这是一个隐藏的宝藏），或者假装平台的围栏是监狱中用来阻止囚犯逃跑的栅栏。如果笑声伴随着汗水出现，那么这个夏天的计划就是成功的。

萨瑟兰家另一个工作和玩耍的传统是佩托斯基石（Petoskey-stone）售货摊。佩托斯基石是由冰河时代形成的珊瑚构成的。当冰川切入北美的珊瑚和基岩时，断裂的石头碎块就变成了遍布密歇根下半岛北部地区的佩托斯基石。

萨瑟兰一家采用柠檬水摊的商业模式，先去搜集佩托斯基石，然后在自家门前的草坪上以每颗 1 角的价格出售。他们把石头放进盛有水的小盘子里，然后把盘子摆在轻便小桌上。因为当佩托斯基石变干时，它们就像普通的石灰石一样，但当它们是潮湿的或者抛光过的，极为美丽的几何图案就会出现在上面。顾客们喜欢这些石头，还有洋溢在孩子们脸上的兴奋之情。夏季项目和佩托斯基石售货摊需要他们付出劳作，但乐趣始终是这些体验中的一部分——正如玛丽和戴尔打算的那样。

当鲍勃接近青春期的时候，篮球成了他最喜欢的运动之一。鲍勃擅长运动，并且性格外向活泼，他认为篮球是一项需要个人才能和团队精神有效结合的运动。当鲍勃进入高中时，超过 6 英尺（约合 182 厘米）的身高使他成为班上最高的孩子之一。在高中三年级开始的时候，他成为学校篮球队——格伦湖湖人队的明星。

但是在鲍勃高三期间，发生了一件令他极度痛苦的事：戴尔被诊断出患有肾上腺癌。肾上腺分泌着我们生存必需的重要激素。戴尔几个月以来常常感到疲倦，经过全面的身体检查，他确诊了癌症。这个消息摧毁了他，也摧毁了玛丽、鲍勃和他的兄弟姐妹们。肾上腺癌是极其罕见的，每 100 万人中仅有一到两人患病。美国平均每年只有 600 人被诊断患有肾上腺癌。

像大多数青少年一样，鲍勃记得在高中最后一年，他全身心都投入到自己的学业上，但也非常清醒地认识到父亲吉凶未卜的未来。当戴尔的癌症被诊断出来时，已经是晚期，他的肿瘤医生认为他的生命仅剩 12 个月。这一现实加上人们对他带领篮球队赢得赛季胜利的殷切期望，沉重地压在鲍勃的心头。

伴随着健康的衰退，戴尔尽一切努力出席鲍勃的比赛。鲍勃总是听到父亲在看台上欢呼，就像他早上总是听到戴尔的口哨声一样。每场比赛前，戴尔都会对鲍勃说："记住在外面玩得开心，玩得开心就好。"比赛结束后，戴尔会告诉鲍勃看他打球有多么高兴。

当时，鲍勃对父亲的赛前鼓励并没有多想。他只是很高兴看到戴尔在看台上。但回首往事，他才意识到父亲是在试图减轻他的压力，因为在高中的最后一年他步履维艰，肩膀上扛着一支篮球队，同时还要经历父亲的离世。如果今天有人要问戴尔当时给鲍勃的鼓励，他可能会（带着微笑）证实他的确想减轻鲍勃的压力。但之后他可能会绕回他们一家的夏季项目和佩托斯基石售货摊，来传授更重要的一课：乐趣也可以是我们表演（打篮球）的一部分，就像它可以是我们工作的一部分一样。

戴尔在鲍勃 19 岁时去世了，那一年鲍勃刚成为北密歇根大学的大一新生。虽然戴尔的离开在意料之中，鲍勃还是感受到一种巨大的失落感："我似乎失去了对生活的所有热情。"而令人欣慰的是，鲍勃仍保持了足够的专注来完成大学第一年的学业。

随着大学时光的流逝，本着他们家佩托斯基石售货摊的精神，鲍勃开始考虑创办一家小公司。他知道自己喜欢户外和大自然。所有和父亲一起的徒步冒险、假装打猎之类的经历都给他留下了深刻的印象。所以，在 20 岁出头的时候，鲍勃创办了一家草坪服务公司。

一开始，经营一家小公司带来的兴奋和挑战激励着鲍勃。但是，尽管玛丽和戴尔给孩子们上了一课，鲍勃还是很难在美化别人院子的过程中找到乐趣。钱赚了不少，但工作却让人感觉单调乏味。事后想来，鲍勃解释道："这可能不是工作的原因，因为我认为如果坚持下去，我会从中找到乐趣。也许更多的原因是，我仍旧在为失去父亲而悲伤。"

开业一年后，鲍勃关闭了他的草坪服务公司，寻求更好的机会达成一种工作和游戏的和谐。他的第一个想法是为孩子们开设一个日间夏令营。"当我还是个小孩子时，会和家人一起在北密歇根四处溜达，我想要重新体会一下我当时的感受，我也确实需要这样做。"他和几个人讨论了这个想法，然后在镇上四处张贴传单。这样做有一些收获，而且很快，每天早上 10 点，鲍勃都会在密歇根湖的沙丘上和孩子们见面。在接下来的 5 个小时里，他将成为孩子们的私人花衣魔笛手[①]，带领他们去冒险，就像他的父母对他和他的兄弟姐妹做的那样。

通过在湖里游泳、踩过泥浆、推倒枯树、和孩子们一起寻找神秘的宝藏这些活动，鲍勃开始觉得自己又活过来了。每一次冒险之后，他对生活的热情都会回来一点。他很少计划如何展开和孩子们在一起的日子，但这就是重点，也是他和孩子们的乐趣的一个重要部分。"我只是对自发做出某种选择保持了开放的态度。"他说。

日间夏令营的积极势头也转移到了鲍勃的夜间工作上。鲍勃在格

① 德国传说中的人物，其笛声可以神奇地指引孩子们追随着他。——译者注

伦阿伯的红松餐厅当服务员，他和他的顾客们吵得热火朝天。“他们点菜的时候，我会故意和他们顶嘴，”他说，“如果一个家伙要求不要在他的汉堡上放洋葱，我会说‘好吧，在你的汉堡上多加一些洋葱，再加一层洋葱圈！’”人们享受这样反复饶舌的乐趣，很多顾客在下次过来的时候，都会要求这位美食花衣魔笛手为他们服务。

鲍勃说：“我认为对于我来说，在父亲去世后，日间夏令营和红松餐厅是我玩耍着重返生活的机会。我永远不会忘记那些日子，以及和孩子、顾客们在一起的乐趣。”

鲍勃就要大学毕业了，他知道日间夏令营和红松餐厅这两杯睡前酒不可能永远喝下去。他还知道，他从未想过停止追逐成人版佩托斯基石售货摊。

然而，鲍勃不知道的是，他的下一步行动正在他周围酝酿着。

* * *

19 世纪，彼得・多尔蒂牧师，一位长老会传教士，被教会的管理机构要求为当地渥太华和奇佩瓦的印第安人建立教堂和学校——他们居住在密歇根湖东北沿岸。多尔蒂，一位长老会的信徒，工作努力，不知疲倦。土著人称他为“小海狸”，这份工作简直是为他量身定做的。

1852 年的一天，多尔蒂决定在他家附近开辟一个小樱桃园。当地的农民和土著们告诉他，这些树在寒冷的天气里无法存活，但多尔蒂还是坚持了自己的选择。令人惊讶的是，樱桃树不仅存活了下来——而且生机盎然。人们开始怀疑多尔蒂有超自然的耕作能力。很快，这个地区的每位农民都种上了樱桃树并收获了果实。多尔蒂发起了一场北密歇根樱桃革命。

农民和土著们开始了解到，核果类（有硬核的水果，如樱桃）果树需要排水良好的土壤，因为树根在潮湿的条件下极易腐烂。北密歇根的沙土为樱桃提供了天然排水系统。密歇根湖对此也有所帮助。春天，当风由西向东吹过湖面时，湖风携带的冷空气使湖岸的低温能够持续更长时间。这使得樱桃花的花蕾一直到晚春才开放，而晚春时节不太可能有意料之外的霜冻危及正在萌芽的樱桃花。

如今，北密歇根每年的樱桃产量约为 2.5 亿镑，约占美国每年酸樱桃总产量的 75% 和甜樱桃总产量的 20%。

在 1989 年的某个时刻，鲍勃想到，设计一件 T 恤并试图把它卖掉可能会很有趣。不过，它不可能只是一件 T 恤衫。它必须代表他成长的地方，它必须代表北密歇根的灵魂和居住在那里的人们的文化。

鲍勃约见了当地艺术家克里斯廷・赫林，而后两人产生了一个关于 T 恤衫的概念。几个星期后，这些 T 恤衫被生产出来，打包放在箱子里，然后装进鲍勃的汽车后备厢，沿街售卖。那年夏天，鲍勃卖出的 T 恤衫多达 10 000 件，已经供不应求。商店很喜欢它们，当地人很喜欢它们，游客也很喜欢它们。而鲍勃正感受着巨大的乐趣。

不过这件 T 恤衫有什么特别之处呢?

在它正面有一幅美丽而简单的图画，画的是一棵樱桃树，小浣熊们在树下吃着樱桃，下面用复古的字体写着："生命、自由、海滩和馅饼"。在那些看见并穿上它的人们心中，这件T恤衫唤起了和平、欢乐和玩耍的感觉。

带着腰包里的一些收获和后备厢里一件可爱的T恤衫，鲍勃有生以来第一次意识到，他可能正走在寻找他的成人版佩托斯基石售货摊的路上。T恤衫的火爆销售持续了整个夏天，一直到秋天。鲍勃很享受把它们运进商店的忙碌感，他喜欢和店主聊天，关于他如何将樱桃视为这个地区的一个特色。但随着冬天的临近，他知道自己的T恤衫生意会受损。当外面下雪的时候，谁会买一件夏天穿的T恤衫呢？

鲍勃开始设想，在可以全年生产和销售的各种各样的食品中，会有"红宝石般的欢乐小块儿"存在——正如他对密歇根樱桃的称呼。他见了几位格伦阿伯的面包师，描述了他希望如何制作出"一种灵感来自樱桃、比巧克力饼干更好吃的小甜点"。在测试了几种配方之后，最终胜出的是一种圆形的燕麦片甜点，里面混有樱桃干和白巧克力。鲍勃把它命名为"樱桃厚脆饼干"。当他决定取这个名字的时候，鲍勃还记得，他希望人们从买甜点的那一刻起，到吃完最后一口，都会觉得好玩。

像T恤衫一样，"樱桃厚脆饼干"也大受欢迎。购买鲍勃T恤衫的那些商店也购买了他的甜点。鲍勃把他的T恤衫和"樱桃厚脆饼干"一起放到一个名为樱桃共和国（Cherry Republic）的公司旗下。在接下来的数年里，横跨 20 世纪 90 年代初期，许多其他欢乐的、灵感来自樱桃的产品被开发出来，包括樱桃辣酱、樱桃烧烤酱、巧克力盖樱桃和樱桃什锦。

公司发展得很迅速，鲍勃确信乐趣总是会与工作相伴，即使这意味着工作进展得慢一点。例如，1995 年，当樱桃共和国的旗舰店建在格伦阿伯的南湖街时，鲍勃和几名员工前往密歇根州的上半岛，为商店场地规划的蜿蜒小径寻找石板岩。当他们到达采石场时，鲍勃让每个人假装成弗雷德・燧石（Fred Flintstone）或巴尼・碎石（Barney Rubble）[①]。当牵引机把石板扔到他们卡车旁边的一堆石头上时，这支队伍在采石场的黏土峭壁上玩起了跳跃比赛。谁表演了一个创造性的空中技巧，同时大喊“Yabba dabba doo!”[②]的声音最大，谁就赢了。

在接下来的 15 年里，樱桃共和国成了北密歇根的主要特色，也是游客必看的一个景点。今天，来到位于格伦阿伯的樱桃共和国总部的游客会感受到一种欢乐和顽皮的气氛。到处都是有趣、古怪的指示牌。鲍勃的母亲玛丽喜欢这个指示牌：“老板是个傻瓜，销售超过一种水果对他来说太复杂了。”超过 200 种樱桃食品排满了商店和公司的邮购目录。樱桃共和国经常举办吐果核和吃馅饼的比赛，同时还赞助一年一度的社区才艺表演。玛丽喜欢打扮成奇基塔[③]香蕉，以此来提醒大家世

① 二者是动画《摩登原始人》中的人物。——译者注
② 弗雷德・燧石的口头禅。——译者注
③ 奇基塔公司是美国当时主要的香蕉供应商。——译者注

界上还有其他水果。

作为樱桃共和国的首席执行官，在公司面临小公司遭遇的所有典型挑战时，鲍勃仍然保持着敏捷的思维。2012 年就出现了这样一个挑战，尽管这并不是一个小公司的典型问题。事实上，这是鲍勃、樱桃共和国和数百名密歇根州果农所能想象到的最伤脑筋的情况。正常情况下，密歇根州的樱桃树在气温持续变暖之前不会开花，它的花期通常为 5 月初。但在 2012 年 3 月，美国各地的气温飙升，创出历史新高。密歇根州曾数次达到 20 世纪 80 年代中期的气温——比一年中这个时候的平均气温值高出 14 度。樱桃树开始发芽了。

密歇根州农民唐·格雷戈里，北美最大的酸樱桃公司的联合创始人，这样形容这件事："今年 3 月份，当窗户开着，我睡在毯子上的时候，我知道我们遇到了麻烦。"

3 月份的温暖天气过后，4 月份的天气进入另一个极端，北密歇根州经历了近 20 个夜晚的霜冻期。为了保持空气的温度，像唐这样的农民用了各种各样的农业技巧，在他们刚刚萌芽的樱桃果园周围忙碌着，但这一切毫无效果，寒冷的空气冻坏了 90% 以上的樱桃树。

唐的农场通常每年生产 1 000 万到 1 500 万磅[①]樱桃，但当年仅收获了 10 万磅[②]。农场不得不解雇员工，同时还要考虑如何在没有收入的情况下，管理运营成本以维持农场的偿付能力。就像唐说的，"这就像

① 约 4 536 至 6 803 吨。
② 45 吨。

有人告诉你，‘嘿，你即将有 16 个月拿不到薪水了’。现在，我们希望你每天来上班，我们希望你支付所有的账单，我们将在大约 16 个月后让你的工资回到正常水平。”

每年完全依赖樱桃收成的鲍勃和樱桃共和国也受到了打击，失去几乎全部收获的可怕噩梦已经成为现实。鲍勃从没想过会发生如此具有破坏性的事情。

雪上加霜的是，由于过去几年农作物产量不佳，樱桃的剩余库存很少。在大自然母亲的一击之下，鲍勃的成年版佩托斯基石售货摊的桌子腿——那些樱桃树——被压弯了。而他的成年佩托斯基石——那些樱桃——正盘旋着掉落到沙质土壤中，迅速干枯并失去光泽。

2012 年 4 月下旬，一个阴云密布的星期一，鲍勃召集他的员工，在位于格伦阿伯的樱桃共和国旗舰店开了一个紧急会议。当他们聚集到店里最大的房间时，空气中弥漫着阴郁的气息。员工们都知道这场损失，许多员工已经开始在其他地方寻找工作了。鲍勃站在房间的前面，看着所有关切的面孔。“我不太确定我要说什么，”他说，“我没有计划发表演讲。”

他深深地呼吸了一口气，开始说话：

> 下午好，各位。我知道你们中的一些人今天休假，谢谢你们能来。就在上个周末，我和一些果农聊过，你们可能知道，这消息并不好。实际上，这是最糟糕的情况了。农作物基本上绝收了。

我从没想过这会真的发生，也没有一个 B 计划（备选方案）。但我不想让你们担心，我会尽我所能保住你们所有人的工作。你们是我的家人，我们要想办法渡过这次难关。

那天晚上，鲍勃回到家中，开始用头脑风暴寻找解决问题的方法。第二天，他有了 B 计划。他说："我最重要的事情是确保对事情抱有积极的心态。我想，如果能在这一切中找到一些顽皮的东西，或许就能让我们的处境转危为安。"鲍勃利用这一策略发起了他所谓的"操作：临时需要"。

在私下向他的员工透露了计划的细节后，鲍勃给近 4.5 万名樱桃共和国的顾客发了一封电子邮件。其中宣布，2012 年将是樱桃共和国与蔓越莓暂时休战的一年。对此，美国蔓越莓协会的执行董事特里 · 洪费尔德做出了回应："我很高兴有休战协议，但坦白地说，我没有意识到这里曾有一场战争！"

鲍勃的 B 计划是用蔓越莓作为樱桃的替代品。他还会尽可能多地从波兰卢布林地区订购卢托卡樱桃，这种樱桃与密歇根的蒙莫朗西酸樱桃非常相似。

为了保持轻松愉快的气氛，鲍勃在樱桃共和国的格伦阿伯店悬挂了一面巨大的波兰国旗，国旗旁边放着一个大牌子，上面写着："波兰万岁！"鲍勃将蔓越莓和波兰樱桃融合在一起，并重新命名许多产品，包括创造"樱桃莓"（cherryberries）这个单词，从而挽救了他的生意。

事实上，他做的不仅仅是挽救它，对樱桃共和国来说，2012 年是打破销量纪录的一年。

鲍勃说："直到那时为止，我们销售的产品从未像 2012 年那样多。"此外，在 2012 年之前，像酸樱桃这样的特种作物还没有得到美国联邦农作物保险的保护。这一切都在 2012 年鲍勃的 B 计划之后发生了改变。今天，种植酸樱桃和其他特种作物的农民可以加入美国联邦农作物保险计划，以保护他们免受大自然母亲的突然袭击。

鲍勃在使用蔓越莓和去国外寻找樱桃代替品的做法上体现出来的心理灵活性，造就了 2012 年的改变。当你真正停下来思考这个问题时，会发现他能够快速调整思维是有道理的。鲍勃是一个顽皮又天真率直的家伙，在他性格形成过程中，心理上的灵活性是一个重要部分：他被教导既要制定明确的规则，又要制定灵活的规则，以开放的心态接受新的体验和冒险，并将工作和乐趣结合在一起。

鲍勃的花衣魔笛手天性也培养了他的心理灵活性。鲍勃喜欢在夏天带员工们去远足，冬天在冰冻的池塘上玩冰球游戏。他经常不请自来，出现在格伦阿伯的商店，抓几名员工进行下午的短途旅行。其他员工很高兴地承担额外的工作量，因为他们知道他们的机会在下一次。

2012 年冬天，在樱桃歉收的情感创伤开始消退后，鲍勃举办了格伦阿伯市有史以来最盛大的庆祝活动之一。他把社区大众聚集在一起，作为对当年发生的事情的反思和从中走出继续前进的方式。这是一个愉快的美食、美酒和聊天之夜。人们笑着谈论蔓越莓、波兰樱桃和鲍勃悬挂过的波兰国旗。

这次活动的贵宾是樱桃果农。鲍勃想回馈他们，因为他知道他们在这一年过得比任何人都艰难。农民们感激不尽。“我永远不会忘记这个夜晚的盛会，鲍勃的慷慨永远不会被忘记，”唐·格雷戈里说，“他为北密歇根的樱桃产业做了太多贡献。”

* * *

在我的成长过程中，我的祖母会对我说：“安东尼，不管天气怎么样，都要把你的一天向前推进。”当下雨阻碍了户外活动，比如一场篮球比赛时，我就会想起祖母的话。在孩童的头脑里，我认为她的建议意味着不应该让坏天气破坏我的一天。当然，这是正确的。但随着年龄的增长，她的话有了不同的含义。

我身边的人都知道我一直在和完美主义做斗争。有时候，追求完美是一个很好的盟友，它驱使我在学校努力学习，或者为我的病人提供最大的帮助。而在事情不顺利的时候，完美主义这种丑陋的自我批评会让我更难迅速恢复活力。

在这本书的开头我提到过，意识到自己的生活正逐渐走向倦怠这个事实，给我提供了想要探索成年期顽皮的力量的灵感。聚焦于顽皮的原因，是我注意到自己性格中顽皮的部分正被成年人的生活需求——篡夺。对我来说，成年人的工作——维持健康的婚姻、有效的养育和稳定的事业——似乎在很大程度上抑制着我内心的顽皮。

对此，我的反应是不断追求完美，努力做一个理想的丈夫、父亲和医生。但是——其他正在恢复中的完美主义者同伴也会有同感——当一个完美主义者有太多的事情要做到完美时，僵化就产生了。试图保持每个产出完美无瑕，会使一个人的精神变得不再灵活。这导致了一种强烈的易怒倾向，完美主义者试图掩饰它——因为完美主义者不能表现出恼怒，他们必须总是显得快乐和坚不可摧——这是完美主义的隐藏信条。与此同时，脆弱性、灵活性和失败紧跟在完美主义者的生活伪装之后，它们唯一的目标就是趁着还来得及，用它们所能提供的东西获得别人的赏识。总而言之，这是个让人精疲力竭的完美处方。

但这就是关键。

当我第一次开始探索自发性的顽皮特质的真正面貌时，我期待看到自发的行动——做例行公事之外的没有计划的事情——能如何带来有趣的体验，我也确实看到了这一点。但当我收集到更多的数据时，我也注意到了一些出乎意料的东西：自发性常常在我们的生活中表现为心理灵活性。从本质上说，我在有着顽皮情商的人的生活中发现和观察到，他们不仅高度重视自发行为，而且对生活的非计划性和不可预知性始终能做出灵活的心理反应——比如，用一颗蔓越莓代替一颗樱桃。

传统上，我们认为自发性是某种我们可以看到或体验到的东西——一段心血来潮的假期，或者是给老朋友打一个出其不意的电话。另一方面，心理灵活性是一种不常出现在我们身上的自发性。每当事情不像预期那样发展时，它就会在我们的头脑中发挥作用。当计划外的事情发生时，它允许我们在心理上向新的方向跳跃。它通过日常生活中的突发事件来减轻我们的压力，并帮助我们学会如何重视那些突发事件。

我祖母的建议——不管天气如何，都要把我的一天向前推进——是一个关于自发的心理灵活性的建议。当生活中发生了一些我们不确定的事情时，要么以灵活的方式做出回应，要么以僵化、不灵活、完美主义的方式做出回应。因为生活总是一波三折，所以前者更有价值。它向我们承诺，即使事情没有完全按照我们的计划或希望进行，我们也能渡过难关，找到意义和满足感。把心理上的灵活性看作头脑自发性的微小瞬间，帮助我克服了完美主义的僵化。

在第 1 章中，我们讨论了一个人如何运用想象力重构一个问题。有时，心理上的灵活性意味着在困难的情况下想到不同的观点，也可能意味着知道什么时候把重构扔出窗外，把问题大事化小。我发现，有着顽皮情商的人之所以擅长运用这种灵活性，是因为他们生活在一种严肃和紧张不总是占据优势的状态中。换句话说，活得轻松些是有力量的，当一个人对生活的把握既不太紧也不太松时，更容易实现心理上的灵活。

科学文献描述了一个人如何与他所处的环境进行互动的心理灵活性。适应情境需求、重新思考心理资源、改变观点、带着竞争的欲望一起工作，这些都是心理灵活性的外在表现。每一种表现都能让我们对这个世界的不可预测性做出流畅而自发的调整。

有一个实验证明了这一点，实验对象是经历2001年9月11日的创伤事件后仍然生活在纽约市的大学生。研究小组向学生们展示了一系列旨在刺激他们情绪的图片，然后要求一组学生表达他们的感受，另一组学生压抑他们的感受。接下来，学生们被允许选择是否表达或压抑他们的情绪，来回应第二组图片。当学生们被给予心理上的灵活性（和自由）来分享或抑制他们的情绪时，他们对于9月11日的创伤有了更好的总体适应性。这一实验反驳了传统的观点，即分享自己当下的感受总是更有好处，并支持了心理灵活性可能是一个更有益处的方式的观点。因为心理灵活性提供了解决问题的一系列策略（包括将自己的感受内在化），而不是遵循少数特定的策略。

从神经科学的角度来看，心理灵活性的神经回路很可能存在于大脑的纹状体（striatum）中，并依赖于纹状体的胆碱能中间神经元（cholinergic interneurons）的功能（帮助大脑在面对不同刺激时改变其行为）。在一项关于这种神经科学的研究中，研究人员破坏了大鼠的中间神经元，然后观察大鼠对意外情况的行为反应。在第一个实验中，大鼠必须按压控制杆A或B以获得一颗糖片，但是只有控制杆A发放了奖励。正常大鼠和纹状体中间神经元受损的大鼠都很快了解到A是正确的控制杆。当研究人员改变游戏方式，在能发放糖片的控制杆上方闪动一下灯光时，中间神经元受损的大鼠出现了困难。正常大鼠可以灵活地改变其策略来应对闪光，中间神经元受损的大鼠却不能做出改变，而是继续按压控制杆 A。将这些结果应用于人类，研究小组假设，由于人类胆碱能中间神经元随着年龄的增长而减少，心理灵活性也会随之下降。

心理灵活性已经被证明与工作表现和满意度、心理健康甚至疼痛耐受性相关。一项用寒冷引起身体疼痛的研究发现，那些具有更强心理灵活性的人能够忍受更长时间的疼痛，并且在移除寒冷刺激后身体能更快地恢复。当涉及时间方向时，心理灵活性也是有益的。常识告诉我们，一个人应该努力活在当下，不要沉湎于过去，也不要活在遥远的未来。但有时回忆一段积极经历是有用的，它可以改善一个人的情绪，甚至作为面向未来的学习工具。同样，偶尔展望一下未来，看到自己和自己的生活正沿着这条道路走下去，对于设定和实现目标来说是有必要的。具备在过去、现在和未来这三个时间方向之间穿梭的心理灵活性，与生活满意度、积极情绪、家庭和工作满意度高度相关。

然而，要想在心理上变得更灵活，就需要付出从容且谨慎的努力。第一步是回到丹尼尔·卡内曼的系统 1 和系统 2 的结构，这在第 2 章中讨论过。回想一下，系统 1 的目标在于如何快速解决问题、快速做出判断和快速锚定；系统 2 则希望以一种灵活、开放和周密的方式来充分考虑这些选项。正如你可能猜到的，心理灵活性需要有目的地激活系统 2，这样人们才能对不同的解决方案保持开放。然而，这可能具有挑战性，正如我们已经了解到的，一旦系统 1 涉入，就很难改变方向。

在一个测试人们视觉注意力水平的实验中，可以看到很好的例子。

参与者们被要求观看一个两支篮球队运球和给对方传球的视频，并计算传球次数。在其中一个版本的实验中，一名女子撑着一把伞，沿着球场走了一圈。在另一个版本中，一名穿着大猩猩套装的男子径直走到球场中央，面对摄像机捶了捶胸膛，然后走了出去。大约 64% 的参与者没有注意到那个打着雨伞的女人。而值得注意的是，73% 的参与者没注意到大猩猩！发生了什么？

对大多数参与者来说，计算传球次数的任务强烈地激活了系统 1，同时钝化了系统 2，而系统 2 能够提供注意到女人和大猩猩所需的心理灵活性。就管理我们大脑内部的心理灵活性而言，更加清醒地意识到系统 1 有多强大，有助于激活系统 2。

比方说你在一个星期六的早晨自发地决定（系统 1）进行一次公路旅行，并给你多年没见的老朋友一个惊喜。但你到了他家却发现他出了远门。接下来呢？你是否会立即到加油站加油，开始你的回程？答案是否定的，如果系统 2 有发言权的话。只要有一点心理上的灵活性，你就可以去看看这座城市提供的一些文化和娱乐机会，开阔你的视野，增强在未知环境中成长的能力。

如果增强心理灵活性的第一步是钝化系统 1 和激活系统 2，那么讽刺的是，第二步是不要忘记系统 1。这对于灵活性来说是怎么一回事？在许多方面，系统 1 让我们能够进行自发性的活动。我们的本能和冲动——二者都是自发行动的燃料——来自系统 1，就像我们的勇气和胆量会自发地摆脱日常惯例一样。在人格科学中，这被称为“经验开放性”[1]。当一个人的性格对于经验持开放态度，这个人就更有可能在日常生活中拥有自发性。伴随自发性的活动，一个人的心态自然会变得更加具有心理灵活性，从而良好地适应意料之外的事情。这是一个很好的循环。系统 1 对于自发性活动来说是一个电火花，而当自发性运作时，系统 2 以及它提供的心理灵活性——在我们生活中的意外时刻，就得到了锻炼和加强。

* * *

莉莲 · 贝尔在 1867 年出生于芝加哥。尽管在莉莲出生时，美国内战已经结束，她的成长环境仍然向她灌输了一种对战争复杂性的深切同情。她家族中的许多男人都是老兵。莉莲的高曾祖父，托马斯 · 贝尔上尉，是美国独立战争中最早的一位弗吉尼亚州爱国者。她的祖父约瑟夫 · W. 贝尔将军，为联邦军队组织了伊利诺伊州第十三骑兵队。莉莲的父亲威廉 · W. 贝尔少校，曾在内战期间服役于联邦军队。

作为一名年轻女性，莉莲对写作有一种热情，并能在其中找到乐趣。年仅 26 岁的她出版了第一部小说《一位老处女的爱情故事》（*The Love Affairs of an Old Maid*）。评论家们注意到了她的幽默风趣。7 年后，莉莲嫁给了亚瑟 · 霍伊特 · 波格，他是一位活动推广人，之后两个人

① 经验开放性：对多样事物的好奇心、接受程度和创造能力。——译者注

搬到了纽约。在婚姻的启发下，她写出了《从一个女孩的角度》（*From a Girl's Point of View*），这部作品也因内容风趣而受到好评。到 20 世纪初，莉莲的多部小说已经有了广泛的影响力。当 1914 年的夏天落下帷幕时，莉莲丝毫没有意识到，她对这个世界的最大影响即将来临。

1914 年，第一次世界大战爆发。三年后，美国参战。对于美国公民来说，报纸是关于这场战争的主要信息来源。随着战争的进行，被报道的故事既恐怖又悲惨——残忍的侵略、高伤亡率、无辜平民的死亡。

1914 年 8 月 27 日，战争刚打了一个月，莉莲安静而舒适地坐在她的客厅里。作为一个经常运用想象力的人，莉莲允许自己做了一会儿白日梦。但不幸的是，她的白日梦转错了方向。她一直在报纸上阅读有关战争的消息，而想象力把她从客厅带到了饱受战争蹂躏的欧洲。她开始体验她读过的那些可怕的事情。她发现自己蹲了下来，面对着灰尘和泥土，她称之为“阳光炙烤着的浸满水的战壕”。她开始感受到士兵们身体上的痛苦和精神上的苦闷——“那些无助的人，被赶出去拼命迎接死亡。”她写道。

莉莲无法再平静地休息，而是蜷成一团，汗流浃背，陷入了一个变成噩梦的白日梦中，她发现自己的思绪飘向了欧洲的孩子们。孩子们肯定会把她带到一个更快乐的地方。但是莉莲并没有梦到孩子们快乐地玩耍，她看到的是战争给他们带来的创伤和无家可归。她自己从来没有见过她的父亲或祖父离家上战场的画面，但在孩提时代听过他们的战争故事后，莉莲可以想象，如果一个孩子知道父亲永远不会回来，会是多么毁灭性的打击。

随着白日梦的破灭，莉莲突然醒来，同时跳了起来。她紧握着双手，对着空荡荡的客厅喊道："我能做些什么来帮助那些无助的人？我能做什么？"

她想象着冬天即将来临的寒冷，她想到圣诞节，想到在那一天会怎样，"在那片满目疮痍的土地上，任何一个孩子脸上都不会有一丝笑容。"

然后一个想法突然自发地出现在莉莲的脑海："我多么希望能给欧洲所有的孩子送去一个圣诞节啊！但我该怎么做，又需要用到什么呢？"莉莲脱口而出："一艘船！"就在这时，她又回到了白日梦中，白日梦的美好很快就恢复了。"我房间的蓝色墙壁似乎消失了，融化成蓝色的天空，然后，在张开的紫色和金色船帆之下，我看到船驶来了。"

莉莲开始梦想着有一艘船——圣诞船——从美国启航，满载着给孩子们的礼物，驶向欧洲海岸。当圣诞船载着礼物到达时，她看到孩子们脸上的严峻变成了微笑。她想象着成年人也会停下脚步，享受他们自战争开始以来第一个无忧无虑的时刻。"我看到当圣诞船驶入人们的视野时，他们严肃的面孔放松了下来。"莉莲甚至想象到红十字会帮助她向欧洲儿童分发礼物的情景。

现在，莉莲清醒了，她精神抖擞，没有犹豫地按照她的慷慨宏图行动起来。她的心思立即转移到后勤上。所有的礼物要从哪里来？礼物要怎么送到船上？她要从哪儿弄到船？怎么弄到船？莉莲开始想到快乐的美国孩子们在玩耍。如果她能以某种方法说服美国的孩子们为欧洲的孩子们扮演圣诞老人会怎么样？她的笑容更灿烂了。就是这样，她想：礼物要来自美国的孩子们——“我们国家的孩子们为战争孤儿所做的工作！”她写道。但是，莉莲将如何召集数百万美国儿童呢？

她很快就想到了这个问题的答案：报纸。

第二天，莉莲起草并投递了一封简短的信，向她的朋友，《芝加哥先驱报》主编詹姆斯·基利解释她对圣诞船的想法。第二天，她收到了基利发来的电报：“你能坐火车过来和我详细讨论一下这个建议吗？”莉莲欣喜若狂地踏上了开往芝加哥的下一趟火车，离开了纽约市。1914 年 8 月 31 日，当她到达基利的办公室时，基利满怀热情地说：“自从你来信后，我一直睡不着觉。这是我这辈子听到过的最重要的事情！”

莉莲向基利描述了她的计划，包括如何通过她和其他人即将撰写的报纸专栏，呼吁美国孩子们慷慨解囊，鼓励他们设身处地为欧洲孩子们想一想。她向基利解释说，一旦家长和其他成年人看到孩子们被这个想法吸引，他们就会很乐意加入这个项目。她说：“父母们会看到，在圣诞船上，有一种新的、令人着迷的方式，可以教给他们的孩子一些至关重要的东西，比如给予的乐趣、自我克制的好处、同情的甜蜜以及战争的恐怖与和平的幸福。”她向基利解释说，她计划搬回芝加哥推进这个项目。

在他们的会议结束时，基利请求莉莲给美国的孩子们写她的第一封信。“明天，”他说，“我会把它带到华盛顿，读给威尔逊总统听。”

那天晚上，莉莲熬夜写信：

致美国的孩子们：

当父亲每天早上去上班时，你期望他晚上回家。如果他没有回来你会很伤心，是不是？远在欧洲，成千上万的父亲们被派去工作——有关战争的工作。他们不得不去，即使家里没有人可以挣钱买食物和衣服、付房租。成千上万的父亲永远不会再回到他们的孩子身边。他们将被其他孩子的父亲们杀害，杀人者并不是真的恨对方，而是因为他们被命令这样做。

你将度过一个快乐的圣诞节。

但你有没有想过，圣诞节那天欧洲的孩子们会遇到什么事情？对于这些失去亲人的孩子们来说，圣诞老人是不存在的。他的雪橇铃铛不会在德国黑森林冰冷的空气中叮当作响，俄罗斯草原上的雪也不会被飞驰着的驯鹿踩踏。很多法国小屋里的长筒袜都将无力地空挂着，而英国烟雾缭绕的烟囱不会认得他。没有洋娃娃给小简（Jane），也没有红色手套给小约翰（Brother John）。哦，在这个圣诞季，这是多么可笑啊！

美国的孩子们，如果你们能帮忙，你们会的，不是吗？你可以！

对于那些爸爸为国献身的孩子，你可以成为他们的圣诞老人。你可以伸出双手，跨越海洋，向饱受战争蹂躏的欧洲大陆的孩子们传递爱、希望和同情。

你如何做到这一切呢？就以最简单的方式，但是你必须亲自去做才能得到真正的快乐。赚点钱去买礼物，或者自己做些礼物。每个男孩都知道如何挣钱才能去看马戏。请求父亲让你劈柴，把煤运进来，把灰运出去，照看炉子——让他付你工钱。节省下买糖果的零钱，在一些事情上克制你自己。

然后你会问："但是怎么将我的礼物送到需要它的孩子那里呢？"坐火车，坐船，再坐火车！

你又说："但报纸上说，英国、法国和德国的船配备了大炮，他们会阻止这艘载有礼物的船。"

他们不会的！英国、法国和德国打算向载着你礼物的船致敬——而不是阻止它。你的船将是一艘善意的船，是圣诞老人的船。

你所要做的就是提供礼物。试想一下，这艘船将把你的礼物带到欧洲，这将是多么壮观的景象。你能想象它满载着成千上万的来自美国孩子的礼物吗？这艘船将由那些孩子的父亲们驾驶，他们将尽一切努力确保它安全到达那些陷入战争困境的国家。

致父母们：帮助你的孩子学到至关重要的东西——给予的快乐、自我克制的渴望、同情的甜蜜、战争的恐怖和和平的幸福。这是一场将结出硕果的世界和平运动。

致学校教师们：在你们所有的书里，你能找到一个更重要的主题吗？教给孩子们这个吧。

前进吧！

莉莲·贝尔

莉莲把她的信交给了基利，基利很快把信带到了华盛顿。它产生了巨大反响。就像基利描述的那样："华盛顿疯了！我去见总统，就像我这辈子从来没有和任何人交谈过一样和他急切地对话。他正坐在那里，一身白衣，面容苍白而憔悴，但当我向他解释圣诞船的想法，他双手掩面，泪水涌了出来。"

这项活动获得了美国杰森号船舶的支持，它是一艘重达19 250吨的运煤船。杰森号将成为莉莲的圣诞船。

莉莲和基利只用了三个星期就招募了全国近百家报社参与这项工程。每家报社都设立了自己的圣诞船部门，招募最聪明的作家，指导他们继续激发大家对这个想法的热情。例如，1914年9月10日，匹兹堡出版社刊印了以下内容：

圣诞船的航行将是世界历史上的一项重大行动。配有玩具和孩子气的礼物作为武器，装备了人们的善意，同时在爱的驱使下，它很可能会把所有的重炮战舰、驱逐舰——通过让它们变得毫无用处——永远从海上扫荡出去。像这样的圣诞礼物，有一点似乎可以肯定，那些爱的代币（礼物）的接受者们，会对这些试图使他们的圣诞节更光明、更快乐的远方孩子们产生一种温暖、深刻和持久的感情——一种牢固的兄弟情谊，这种情谊是未来任何不幸都无法消磨的。

莉莲在《芝加哥先驱报》开设了一个名为“圣诞老人班”的栏目，这个栏目几乎每天都有，内容包括给孩子们的指导（“礼物要小，用你的双手制作它们”）和进度更新。全国各地成千上万的全日制学校开始配合制作礼物的工作。数百个不同的社会团体也开始制作和收集礼物。企业贡献了资金，剧院举行了募捐活动，就连囚犯也做出了贡献。莉莲收到一封信，上面写着：“伊利诺伊州监狱，乔利埃特市，伊利诺伊州：谨同函奉上圣诞船基金一美元及极大的善意，请查收。”落款：“托马斯·J. 本特，囚犯 195 号”。

来自孩子们的信件也涌入全国各地的报社。其中许多是写给莉莲的：

亲爱的贝尔小姐：

我正在为圣诞船赚取资金。我每次拼写得 100 分，我妈妈就给我 5 美分。这对我来说是一种很难的赚钱方式，因为拼写实在太难啦！

拉尔夫

孩子们还在礼物中附上了便条：

亲爱的大海那一边的小妹妹：

我希望你会喜欢我的洋娃娃。这是我所能给出的最好礼物了。我正在给你写一封信，希望你能给我回信，跟我说说你的国家和家庭，好吗？我很抱歉你的爸爸再也不会回家了。可怜的小宝贝，我想拥抱你。如果你看不懂这封信，那么找人把它翻译成你的语言。如果你不会写英语，没关系，用你的话写给我，我会让人用英语读给我听。再见，亲爱的小妹妹，我真希望这场可怕的战争很快就会结束。

爱你的特蕾莎

对莉莲来说，最感人的时刻之一，是明尼阿波利斯市的一个小女孩把一个用棕色纸包着的小包裹带到了当地的报社。这个包裹的三面都标着“给一个女孩”的字样，卡片上有一条留言，写着“来自父亲”。

来自不同信仰背景的人都为此次工作做出贡献。圣诞船的很多礼物和捐款来自犹太商人。

这种自发的慷慨也跨越了社会经济地位。《旧金山纪事报》描述了加利福尼亚州正在发生的事情（这件事情同样发生在美国的其他地方）：“一股热情的善行浪潮正在席卷加利福尼亚这个黄金之州。在这场伟大的努力中，所有年龄、阶级、信仰和民族的感情被融合在一起，以表达一个永恒的真理——对孩子的慈爱是我们的人性中最强烈的共同情感。”

总而言之，孩子们捐赠了玩偶、雪橇、溜冰鞋和旱冰鞋、糖果、服装、图画书、游戏玩具，等等。到了把礼物运到圣诞船上的时候，大多数城市都用4匹马的货车把礼物运到最近的火车站，然后通过横跨全国的44个不同的铁路系统，用数百辆火车将礼物送到纽约布鲁克林的布什终点站，“杰森号”就停驻在那里。

当一切都尘埃落定，莉莲的圣诞船乘载了超过700万份礼物，价值超过200万美元。更令人印象深刻的是，当时生活在美国的1亿人中，大约有4 000万人对圣诞船的诞生给予过帮助——其中大部分是妇女和儿童。最重要的是，整个项目只花费了大约70天的时间——从莉莲自发迈出的第一步到1914年11月10日，也就是船启航的那一天，不到三个月。

这艘船的启航日是一个值得庆祝的日子。成千上万的市民、士兵和红十字会的工作人员聚集在码头和街道上。关于它的描述出现在当天的匹兹堡新闻上：

> 今天中午12点08分，在军乐的伴奏下，在汽笛声、钟声和成千上万人的呼喊声中，满载着数百万孩子捐赠给欧洲战争孤儿的礼物的“杰森号”圣诞船在6艘拖船的拖动下，从布鲁克林布

什码头1号码头缓缓驶离，沿着纽约港出发，这是它第一次横渡大西洋。

在世界历史上，从来没有哪艘船在类似的情况下、在类似的旅程中跨洋而行，它的出发仪式也很隆重。

许多人泪流满面，孩子们则疯狂地欢呼和拍手。这是一个感人的场景，让人难以想象。

圣诞船最终停靠在英国的法尔茅斯、法国的马赛、意大利的热那亚、希腊的萨洛尼卡。红十字会从这些地方向全欧洲的孩子们分发礼物。

许多来自战争双方的报道宣称，这次慷慨之举致使他们的军事行动暂停，并深入考虑了战争对他们的国家造成的影响。由于他们做出的努力，莉莲和基利获得了来自世界各地政府和报纸给予的数以百计的荣誉。

第一次世界大战于1918年结束，莉莲·贝尔于1929年离世。到她去世的时候，莉莲已经写了9部小说，但她总是认为圣诞船的航行是她最大的成就。

每当有人问莉莲她在这个项目上的灵感时，她都会简单地说："它出现得很突然。"的确如此。事实上，当一个人考虑到这个项目的规模时，"圣诞船"这个想法的实施是相当突然的……你可以说，这是自发的。

有趣的是，当涉及慷慨时，科学会告诉我们，这种自发恰恰是产生慷慨的必需过程。

*　*　*

有一个常见的实验是“公共产品游戏”（public goods game），它有多种变体，用于探索经济学和其他相关领域的问题。在游戏中，参与者会收到一笔固定数额的钱，或者某种货币代替物，如代币或筹码。然后，每个人被要求私下选择自己的钱，或多或少都可以，捐赠给一个共同罐。一旦每个人都做出决定，这个罐子里的钱就会被乘以一个系数，这个系数在 1 和参与者数量之间，然后将产生的总数在每个人之间平均分配。

一场公共产品游戏可以揭示出人们更倾向于自谋出路还是更愿意合作。如果每个人都把自己所有的钱放进罐子里，那么每个人都会带着比自己开始时多得多的钱离开。但是如果一个人（或者只有少数人）把很少的钱甚至没有把钱放进罐子里，那么他就会带着比其他每个人多得多的钱离开。当然，如果每个人都保存自己的钱（不放进罐子），就根本没有什么好处了。

耶鲁大学经济学家戴维·兰德研究人类合作时使用了各种公共物品游戏。他最近研究的一个问题是，人类在直觉上是自私的，还是合作的。换句话说，一个人的直觉倾向于关注自己的最佳利益，还是寻求合作的机会。对于这个问题的本能反应，答案似乎是人类在直觉上是自私的。这一假设得到了达尔文主义的支持，在达尔文主义下，最适者（可能从定义上讲）必须是自私的。但是，我们都知道，如果没有团结协作的能力，人类就不会有今天的成就，或发展到今天的文明程度。

为了厘清这一问题，兰德必须首先确定如何分辨直觉。运用丹尼尔·卡尼曼的系统 1 和系统 2 构想，兰德以直觉是快速的、无意识的、毫不费力和情绪化的为前提。它会很快来到我们面前，并敦促我们迅速行动起来。直觉由系统 1 驱动。相反，反思——与直觉相对——是缓慢的、深思熟虑的、非情绪化的。它随着时间的推移来到我们身边。反思由系统 2 驱动。把这些想法放在一起，兰德推测，一个快速做出的决定更有可能由直觉驱动，反之亦然，一个较为缓慢地做出的决定更有可能由反思驱动。

为了更好地理解人类的直觉倾向于自私还是合作，兰德设计了一个公共物品游戏来测试参与者们决定向罐子里投钱的速度。如果做出快速决定的人比做出较慢决定的人给出的钱多，这将支持人类的直觉更多地与合作而不是与自私联系在一起的观点。

兰德招募了 212 名参与者。在他的第一个模型中，他允许受试者花费任何他们需要的时间做出决定。他发现，那些在 10 秒钟内决定自己的贡献的人，所给出的要远远超过那些需要 10 秒钟以上才能做出决定的人。然后，兰德强制参与者或快速或缓慢地做出他们的决定。当参与者必须快速做出决定时，他们的贡献会更多。当参与者被迫缓慢做出决定时，他们的贡献就会减少。为了验证他的发现，兰德重新分析了他过去在合作背景下涉及决策时间的所有研究。他再次发现，更快速、更敏捷、更自发的决定与更高的合作和慷慨度有关。他得出结论，直觉和系统 1 与合作的联系比与自私的联系更为紧密。

一个现实世界的例子可能是走在人行道上的时候，遇到一个无家可归的人。这个无家可归的人有一个募捐箱和一个向别人要钱的纸牌子。行人走近这个无家可归的人时，他的系统 1 可能发出这样的信号："一点钱真的可以帮助他"。但行人接收到的下一组信号，这一次来自系统 2，却说："他会用这笔钱买酒和毒品。"系统 2 的信号抑制了来自系统 1 的合作或慷慨的活力。换句话说，根据兰德的观点，慷慨可能是我们大多数人初始的、自发的冲动，但是系统 2 的反思能力，不管它是否准确，都可以阻止这种冲动。

这里有一个更简单的例子。假设你在一个电梯里，电梯门是开着的。如果你看到有人沿着走廊向电梯走来，你很可能什么也不会做。但如果电梯门开始关闭或这个人开始奔跑，你将需要做出一个快速的决定，即是否耽搁自己的时间保持电梯门打开，或任由它关闭。你很可能会努力保持门打开，尤其是在电梯里有空间容纳更多人的情况下。当你这样做的时候，你正在小范围地锻炼由系统 1 和直觉推动的自发的慷慨。

莉莲的圣诞船的想法是非常突然地出现在她的脑海里的——实际上是自发地。这个想法的突然出现，也因为当时她正在客厅里用另一种顽皮的特质——想象力——做白日梦。圣诞船是一种更宏大的慷慨，同时，在许多方面，也是一种更宏大的自发性。从最初的想法到最终的成果，这种顽皮的自发性特质对于确保圣诞船起航至关重要。那些做出贡献的人需要迅速地凭直觉做出决定，同时，从这个意义上说，他们需要自发地做出决定，否则很容易通过系统 2 说服自己不提供帮助——“这个想法是不可能的。”“这绝不可能成功。”“这将需要数百万人的帮助！”事实上，这可能正是没有提供帮助的人的想法。

除了通过这个项目的自发精神激发的慷慨，还必须有较强的心理灵活性——自发性在我们生活中发挥作用的另一种重要方式。尽管没有任何关于这方面的历史记录，但像圣诞船这么大的项目，需要通过心理上的灵活性来克服相当大的障碍。我们知道，在这艘船启程后的几年里，莉莲经常会注意到这种对项目的成功至关重要的工作与游戏的和谐。“既能让游戏和工作结合又能让工作和游戏结合，还有比所有母亲和孩子们坐下来准备一船欢乐更令人愉快的事情吗？”她写道。工作与游戏的和谐，就其本身而言，需要心理上的灵活性才能达到最佳状态。

莉莲和她的圣诞船、兰德的研究都表明，顽皮的自发性特质激发了人们的慷慨，并与之紧密相连。这与在非常年幼的孩子身上看到的自发的助人行为相一致，他们几乎完全是系统 1 的直觉思考者。我在有着顽皮情商的成年人身上也发现了这一点。

让我们回顾一下鲍勃·萨瑟兰和樱桃共和国，鲍勃的自发性通过他的心理灵活性和慷慨表现出来。除了 2012 年底为樱桃果农举办的庆典活动，多年来，樱桃共和国还向北密歇根保护该地区环境、农场和社区的组织捐赠了近 60 万美元。更重要的是，任何进入过樱桃共和国商店的人都知道，鲍勃总是给他的顾客提供大量的试吃品。通常至少有 15 种不同的产品可供试吃。当然，我们都知道试吃品的社会心理学（转化为销售），但鲍勃不这么认为。“是的，我了解心理学，”他说，“但我也知道，我想让我的顾客的生活幸福感得到一点提升。”

鲍勃和樱桃共和国最近的一个慷慨行为，是在密歇根州特拉弗斯城最新一家商店的中央建造了一个游乐场。这个游乐场是一个大沙箱，里面装满了干净的樱桃核（而不是沙子）和一棵孩子们可以爬上去的大树。这棵树上还有一座供孩子们进去玩耍的堡垒。鲍勃还记得他和员工们在考虑这个想法时，对这个游乐场抱有怎样的担忧。“有人担心这会占用太多空间，也有人担忧很难把樱桃核保持在箱子里。”但鲍勃和员工们推进了这个计划，因为这是给予孩子们一些东西的一种方式，它也代表了鲍勃和樱桃共和国想要向他们的顾客展示的顽皮精神。

如果顽皮的自发性特质促进了人们的慷慨，那么关于慷慨如何影响我们的生活，科学是怎么说的呢？如果一个人在生活中变得更加有自发性，也许又转而发现了新的慷慨，那么这种慷慨会给他带来什么好处呢？

克里斯蒂安·史密斯，诺特丹大学的一位社会学教授，对慷慨的研究或许比世界上其他任何人都多。2010 年，他和同事在一项名为“关于慷慨的科学调查”中调查了近 2,000 名美国人。这次调查是同类调查中规模最大的，收集的数据兼顾了数量和质量。

史密斯和他的团队提出的第一个问题是，慷慨是否能增加幸福感。他们研究了各种形式的慷慨行为，如经济上的、志愿服务上的和关系上的慷慨（以一种协助的方式给予那些与自己有关系的人时间和精力，对睦邻慷慨进行研究）。然后，他们把慷慨与各种幸福感的衡量标准联系起来。总的来说，无论任何形式，对他人的慷慨都与更强的幸福感、身心健康和生活目标感有关。但随后，这个团队又提出，这是否仅能代表幸福感更强的人更有可能慷慨大方这个观点——一个先有鸡还是先有蛋的问题。

他们发现箭头可能是双向的。更强的幸福感促进了更大程度的慷慨，而慷慨也培育了更强烈的幸福感。正如史密斯和他的团队所言：“慷慨不仅仅从某种更强烈的原初幸福感中产生，幸福感本身也在一定程度上归因于更加慷慨的行为。通过以有益于人的方式进行的慷慨实践，我们的身体、大脑、精神、思维和社会关系以多元、复杂和相互作用的方式得到了刺激、连接和激励。”

有趣的是，在这次“关于慷慨的科学调查”中，许多被归类为慷慨的人经常实践一些随意的善举，这些善举的本质是自发式的行为。史密斯和他的团队认为，要使慷慨成为一个人生活方式中可持续的一部分，就必须对此加以实践和重复。自发性可能也与此相似。

这个调查中的下一个重要问题是：美国人是否是慷慨的？答案是：

不完全是。只有 2.7% 的美国人捐赠他们至少 10% 的经济收入，而 86% 的人的捐赠低于他们收入的 2%。赚更多的钱与更高的捐赠率无关。研究小组还发现，只有 25% 的美国人在一定程度上是自愿捐赠的。史密斯的结论是，“美国人并没有‘充分’发挥他们的能力，以我们期望的那种能够增强他们的幸福、健康和目标感的慷慨方式生活。不管你怎么估量，只有一小部分美国人过着慷慨的生活。”

做一个有趣的思维实验，想想 100 年后的今天，莉莲的圣诞船想法会变成什么样子？根据这次“关于慷慨的科学调查”，这艘船的起航将非常困难。

为什么美国人不能生活得更慷慨些？一个合乎逻辑的答案是，当史密斯和他的团队在 2010 年进行这项调查时，美国正处于有史以来最严重的经济衰退之中。从这个意义上说，当这些数据被收集时，慷慨的行为可能不会在任何人的生活中占据主要地位。另一个答案是，作为美国人，我们有一种强烈的个人主义倾向，这种倾向经常与慷慨相抵触。我们不惜一切代价拼命地抓住属于我们的东西不放，因为我们认为，只有这些资源才能推动我们的日程安排和家庭向前迈进。

另一部分的解释可能需要我们重新将自发性和成年人的顽皮作为一个整体考虑。当我们作为成年人的责任增加时，我们需要通过努力和高度自觉性，来确保性格中的顽皮部分不会在我们疯狂忙碌的生活中掉队。在这一方面，自发性这种顽皮特质会受到猛烈冲击，因为当生活变得更忙碌时，我们会变得更机械化、更有计划性，被捆在日常工作上。我们把自己收得更紧，为一点点控制权而奋斗。但如果我们没有忽视自发性——无论它表现为心理上的灵活性还是慷慨——能够让我们拥有更好的心态并提升幸福感，以及在疯狂忙碌的日子里找到一些小小的快乐。

* * *

乔治·怀特是一位美国戏剧制作人和导演，20 世纪初在纽约市的百老汇工作。1919 年，也就是第一次世界大战结束后的第一年，怀特创作了一部名为《乔治亚·怀特的丑闻》的滑稽剧，该剧以唱歌、跳舞和喜剧为特色。它在百老汇持续演出了超过 15 年，观众喜欢这部剧轻松愉快的风格。

1931 年，一位广受欢迎的百老汇女演员兼歌手，被称为“音乐喜剧舞台上无可争议的第一夫人”的埃塞尔·梅尔曼出演了《乔治亚·怀特的丑闻》。一天晚上，梅尔曼初次登台演唱了一首由路易斯·布朗斯坦作词、雷·亨德森作曲的歌曲《生活就像一碗樱桃》（*Life Is Just a Bowl of Cherries*）。这首歌和它的歌词，如“不要太过严肃”“去活去笑……去笑去爱”，鼓舞我们过一种拒绝让忧虑肆意蔓延的生活。

随着时间的推移，这首歌的名字在美国辞典中成为一句流行的谚语，但可能不是以布朗斯坦和亨德森当初猜想的方式。如今，当生活中发生不顺心的事或计划进展不顺的时候，这个短语被用来表达一种温和的讽刺，而不是像这首歌暗示的那样，唤起人们对一种更轻松生活的情感和态度。

我们都知道，生活从来就不是一碗精心准备好的诱人樱桃。它绝不是计划完美的一系列瞬间。生活是混乱和复杂的，并且往往不可预测。如果确实有什么的话，把生活描述为不能进入碗中的樱桃可能更准确一些。一颗有瑕疵的樱桃，一颗可能没有按照它应有的样子生长或者在运送过程中被压伤的樱桃。

事实就是这样的。顽皮的自发性特质可以使生活中的坎坷变得更平整。自发性推动我们走向心理上的灵活性，让我们离开自我沉迷的道路，走上慷慨大方的通途，成为我们生活中不可或缺的力量。它将碗外有瑕疵的、被压伤的樱桃变成一张美味的馅饼或一罐可口的果酱——可以穿过街道送给一位邻居，甚至可以用一艘船运送到海外的邻居们那里。

樱桃共和国的产品上印有一句标语，这句标语很久以前第一次出现在鲍勃的 T 恤衫上：生活，自由，海滩和馅饼。对鲍勃来说，这一口号时刻提醒他记住在生活中遵循的指导原则。这也让他回忆起，在某一时刻，他第一次意识到佩托斯基石售货摊的成人版就在他自己身上。

“生活”在这个语境中意味着当地的生活——你所在的地方、你居住的社区以及周围的人们。它的概念是，满足感来源于身边和微小之处。“自由”是变得有自发性的自由。对于樱桃共和国的员工来说，这意味着要触动每一位进门的顾客的心。它允许樱桃汽水服务员自发地离开汽水吧，和商店里的小女孩玩捉迷藏——当这个女孩的父母在品尝樱桃味的酒时；它是供应冰激凌的工作人员自发地做出菜单上没有的香蕉圣代——仅为给顾客带来愉快的一天。“海滩”代表了顽皮在一个人生活中的重要性。“馅饼”则意味着慷慨，还有什么比一张刚烤好的馅饼更能象征慷慨呢？

一天，我问鲍勃在樱桃共和国中他最喜欢的产品是什么。“嗯，它卖得不是很好，”他开始说，“它是一种裹在树枝上吃的美味脆米花，用脆米糊和脆脆的面条制成，佐以花生酱、黑巧克力、樱桃干和小棉花糖。”

“这听起来很美味，”我说，“为什么这是你最喜欢的？”

“因为那个树枝。”鲍勃回答。

“树枝？”

“是的，它是樱桃树上一根真正的嫩枝。你甚至可以吃完了就把它扔到树林里去。我记得那一天，食品和药品管理局的工作人员来商店告诉我，我不能使用真正的树枝。我问他们需要做些什么才能使用它们。他们告诉我，在使用之前，必须先把那些树枝消毒、烘烤、浸泡，然后再做一堆其他的事情。所以这就是我们要做的，而这些员工们让整个过程充满了乐趣。一切都解决了。”

“那真是太酷了。你给它起了什么名字？”我问。

鲍勃在回答之前恍惚了一会儿，然后，他微笑着回应：“樱桃奇迹棒。”

好好玩出自发性

寻找灵活性

我们生活中的某件事，无论大小，在没有按照我们计划或预测的那样进行时，顽皮的自发性特质就有机会在我们的头脑中表现为心理灵活性。当我们在这些时刻练习心理上的灵活性时，随着时间的推移，我们的心理灵活性会增强，当出乎意料的事情发生时，我们会更善于自发地把思维引向新的、富有成效的方向。这里有两种方法，现在你就可以顽皮地用它们增强你的心理灵活性：

· **把打破常规作为常规。**人类是有习性的生物。我们热爱我们的惯例和常规，同时在极大程度上，它们帮助我们管理和掌控身为成年人的责任。但是当我们过于依赖日程安排和常规时，就有可能变得麻木。在日常生活中加入一些自发的小插曲，可以帮助我们避免陷入没有感情的机械重复。自发行为也有助于建立我们的心理灵活性，因为当我们从事自发的活动时，我们正在冒险进入未知，这需要一种灵活和开放的心态。

以下是一些打破你的日常惯例的方法：改变晨起活动的顺序；闭

着眼睛穿衣服；用你的另一只手刷牙；在工作日来一次5分钟的休息，步行去探索最近没有去过或以前从未去过的一部分工作场所；吃一种新的或已经有段时间没吃过的食物（樱桃？）；下班时从另一条路回家；坐在餐桌旁的一个新位置上；来一场自发的星期六旅行，不带任何计划地坐进车里，随性驾车去某个地方（带上一个小旅行袋，让这个星期六更有趣——要轻装上阵）。

· **保持情绪轻松**。当生活中出现困难或意料之外的情况时，我们经常会体验到一种情绪上和感受上的洪流。这股洪流来源于系统1的激活。我们需要去感觉和体验内心之中正在流动的情绪，但也不能让这些情绪压倒我们。从洪流之中存活下来的关键，是保持情绪轻松。当我们这样做的时候，系统1会失去活性，系统2会激活——这是心理灵活性的火花。

但是，一个人怎么才能保持情绪处于轻松状态呢？这不是件容易的事。有些可以尝试的方法，如大声说出这些情绪，或者把它们写下来。另一个技巧是利用傻瓜暗语（我喜欢“忍者”），当你即将被情绪战胜时，你可以大声对自己说出来。因为当你说出暗语时，你会意识到正在发生什么，你的大脑将自然地朝着系统2的激活和心理灵活性迈去。这里我要提醒你一句：有时候你不得不把这个暗语多念几遍——所以要让它听起来体面些，以备你在别人在场的时候也能把它大声说出来。

● 慷慨的障碍

那是4月初一个寒冷的星期六早晨。我12岁，学校刚刚在前一天放春假。

我走到卧室对面的浴室，睡眼惺忪地透过浴室的百叶窗俯瞰社区。从社区的一端慢慢地扫视到另一端，我注意到附近朋友家的车库门都是关着的。杰夫和格雷格正要去迪士尼乐园；肯尼当时正飞往加利福尼亚州；乔伊和汤米要去猛犸洞；迈克会去某个暖和的地方，但他不知道那地方的名字。

我从浴室里跑出来。“妈妈，为什么春假期间我们哪里也不去呢？这太不公平了！”

“我们即将去某个地方，安东尼，”妈妈平静地回答，“事实上就在今天，所以穿好衣服吃早餐吧。我们大约一小时后出发。”

“我们要去哪里？”我问。

“这是个秘密。”妈妈说。

我穿好衣服，吃了早餐，然后不情愿地去了车里，妈妈正在驾驶座上等我。我当时臭着一张脸。我知道不是去度假，因为我没有带手提箱，妈妈也没有。姐姐和爸爸还在地下室看周六早上的卡通片！

在整个行驶途中，我都在发牢骚，并因我附近的朋友们去度假而愤怒。妈妈耐心地听着。大约40分钟后，她把车停在一座破旧的建筑前。

"我们到了，安东尼，"她说，"这里是鲍德温施粥所。"

"鲍德温施粥所？"我很困惑。

"是的，这里是无家可归的人可以来吃顿热饭和躲避寒冷的地方。今天，我们要在这里做志愿者。"

我不记得妈妈跟我说这些话时我的真实感受了。我可能不是很高兴，但是当我们走进施粥所的时候，我第一次看到了贫穷的样子，悲伤涌上了我的心头——我一直感受着的愤怒消失了。

那会儿快到午餐时间了。本周早些时候，我妈妈告诉鲍德温的员工我们会来。我们把外套挂在一个小壁橱里，然后和其他志愿者一起帮助上菜。菜单上有热狗、烤豆子、西瓜、甜茶和巧克力蛋糕。

午餐快结束的时候，我和妈妈与其他几个志愿者一起前往建筑后面的一个房间。第二天就是复活节了，那天下午晚些时候，鲍德温施粥所要给社区里贫困的孩子们送去几百个复活节篮子。一辆大卡车已停到施粥所的装货台，就在我们所在房间的拐角处。其中一个志愿者询问我是否可以把复活节的篮子从房间搬到卡车上。所以在接下来的一个小时里，我在卡车上跳进跳出，把要送出的复活节篮子装上车。

在我们回家的路上，我感谢妈妈带我去了施粥所，这次经历让我第一次见识到贫穷和慷慨。从那时起我认识到，一个人要想真正慷慨地生活，必须克服所谓的"慷慨障碍"（我称之为"慷慨障碍"，是为了纪念我在鲍德温施粥所的卡车上跳进跳出）。这个障碍的本质，是能够在不期望任何回报的情况下给予他人。换句话说，慷慨应该是无条件的。

下一次，当一个慷慨的机会出现在你面前时，你要做出真正的努力，不要考虑投入是否有回报，试着更快、更自发地做出参与其中的决定。遵循这两个简单的步骤，将大大有助于你的生活变得更加顽皮而慷慨。

第5章

惊 奇

莉萨和布赖恩·多弗的第一次见面，是在密歇根州安阿伯市一家购物中心的停车场，那是 1996 年 1 月底的一个星期五下午。他们是密歇根大学的本科生。那个周末，布赖恩所在的社团将在多伦多举办冬季舞会。

布赖恩在密歇根州的门罗——底特律南部的一个小城市长大。莉萨来自新泽西州的李堡，它坐落在纽约市哈德逊河对面。密歇根大学中来自美国中西部的学生常常对来自东海岸的学生抱有强烈的刻板印象，布赖恩也不例外。“东海岸的人意志顽强，也很能冒险，这很好。但他们有时真的很令人苦恼！”他开玩笑地说。莉萨实际上是布赖恩的朋友的舞伴。当布赖恩得知莉萨来自新泽西时，他滑稽地说：“哦……太棒了！”

莉萨和布赖恩在停车场互相问好，然后分别乘车去多伦多。当天晚上，在晚餐时他们随机挨着坐在一起。这个中西部男孩和这个新泽西女孩很快发现，他们的幽默感和兴趣有相似之处。他们彼此交谈的次数，比和各自的舞伴交谈的次数还要多。布赖恩对莉萨的美貌和勇气赞叹不已，而莉萨则被布赖恩的英俊和机智所吸引。在夜晚即将结束的时候，莉萨和布赖恩一起来到舞池里。玛卡雷娜[①]的

① 玛卡雷娜（Macarena）：西班牙著名舞曲。——译者注

热度席卷了这个舞会，布赖恩让包括莉萨在内的每个人都学起了舞步，并放声欢笑着。

在回安阿伯市的路上，莉萨不停地想着布赖恩，布赖恩也情难自抑地想着莉萨。当莉萨的密友问她这个周末过得怎么样时，莉萨回答说："我想我遇见了我要嫁的那个男人！"接下来的周末，莉萨和布赖恩又在一个校园派对上一起出现在舞池里。他们重新上演了他们在多伦多的场景——开玩笑和大笑。然后，布赖恩俯身亲吻了莉萨。"就好像派对上只有我们两个人。"布赖恩说。

布赖恩陪莉萨步行回到她的宿舍。当他们在人行道上遇到一个小水坑时，他抱起莉萨，把她抱过水坑，然后轻轻地把她放到干燥的地上。"时间就在那时为我而停下。"莉萨回忆道。两个人在莉萨的宿舍前亲吻了一下，然后道了声晚安，此时他们知道自己爱上了对方。

随着大学生活的继续，莉萨和布赖恩之间的爱情继续茁壮成长着。2000 年 2 月 22 日，布赖恩去莉萨的公寓接她共进晚餐。那时，莉萨正在密歇根大学社会工作学院攻读研究生。布赖恩刚刚修完经济学本科学位，正在为他的第一份工作——芝加哥高盛投资集团的金融分析师做准备。

布赖恩为莉萨买了一套衣服——一件淡紫色的上衣，一条黑色的裙子和一双黑色的高筒靴。他们在安阿伯市中心的一家海鲜餐馆吃了一顿可口的晚餐。那天晚上天气反常地暖和，所以晚饭后他们在校园里散步，回忆着一起经历的一切。布赖恩注意到人行道上有一个水坑。

正如他 4 年前做的那样，他抱起莉萨，把她抱过水坑。但是这一次，在把莉萨放到地上之后，他便跪倒在她面前。

他单膝跪地，手里拿着一枚戒指，对莉萨说："没有你的陪伴，我不能去芝加哥。你给了我比你想象中更多的自信，我希望你不仅仅是我的女朋友。你愿意嫁给我吗？"

莉萨激动地接受了布赖恩的求婚，这对大学情侣于 2000 年 5 月搬到了芝加哥。莉萨在风之城①找到了一个社会工作的职位，布赖恩则在高盛投资集团安顿下来。在工作时间之外，他们会计划婚礼，或者一起傻傻地到处乱逛。他们喜欢在湖边滑旱冰，探索芝加哥的餐馆。

2001 年 5 月 26 日，莉萨和布赖恩在新泽西州的李堡结婚。这是一场传统的意大利婚礼，不仅仅是庆祝莉萨和布莱恩结婚，也庆祝了莉萨父母的文化传统。那天阴沉沉的，下着小雨。但是当莉萨和布赖恩宣誓的时候，太阳出来了，从教堂的彩色玻璃窗里折射出柔和的光芒。那天晚上，他们跳了一整夜的舞，就像以前很多次那样跳着。

2.5

在婚礼和蜜月之后，莉萨和布赖恩继续享受着芝加哥的生活。然而，在布赖恩的家乡密歇根州门罗的一家房地产公司，以及附近学校系统的一个工作机会，让这对新婚夫妇回到了密歇根州。布赖恩开始从事房地产管理工作，并着手建立自己的金融服务业务，莉萨则在公立学校系统中找到了自己的使命，与小孩子们一起工作。

---

① 风之城（Windy City）：美国城市芝加哥的别称。——译者注

在搬回密歇根不久后，莉萨和布赖恩就开始考虑扩大他们的家庭。一个月后莉萨怀孕了。从那天起，他们做了所有准父母会做的事情。莉萨阅读了怀孕方面的书，布赖恩也假装自己读了。产前检查和超声波检查结果正常。他们给了父母一张镶框的婴儿超声波照片——这是个女孩！在双方家庭中，她将是他们这一代人的第一个孙辈。布赖恩制作了一个婴儿床——粉红色的，镶嵌着一个白色皇冠。

2005 年 12 月 29 日凌晨 4 点左右，莉萨把布赖恩推醒了。她的羊水破了。几个小时以后，莉萨和布赖恩的宝贝女儿出生了。她重 5 磅 15 盎司（约 2.7 千克），身长刚刚超过 19 英寸（约 48 厘米）。她早产了一个月，身形瘦小，但顺利地通过了所有的新生儿检查。莉萨和布赖恩欣喜若狂，给宝宝取名为艾拉·罗斯。

莉萨、布赖恩和艾拉从医院回到家，得到了双方家人的爱和支持。每个人都想抱着艾拉，和她来几张合影。艾拉的新晋祖父母帮忙做饭、洗衣服，保持房子整洁干净。“这很完美。”布赖恩回忆道。

但在回家的几周后，莉萨开始出现产后焦虑。她恐惧于无法把每件事都做得完美无缺。她对于抱着艾拉这件事感到紧张，并且不想离开自己的房间。莉萨的保健医生给她开了一些抗焦虑药，这对她有所帮助，但没有完全缓解她的症状。

艾拉的发育也开始落后于她本应遵循的身体发育时间表。在社交方面，她如预期般那样微笑、咯咯笑着，但在身体上，她没有达到应有的状态。在三个月大的时候，她无法稳定地抬起或控制她的头部。

她在抓东西的时候也有困难，当东西在她面前晃来晃去的时候，她没有伸手去抓。艾拉的儿科医生认为她的发育很慢，可能因为她是早产儿。莉萨陷入了自责，她想也许是因为她没有经常抱抱艾拉，或者是没有经常调整她的姿势。

艾拉开始接受每周两次的物理治疗。在艾拉6个月大的时候，她的头部控制能力和核心肌群力量开始改善，尽管很缓慢。在艾拉9个月体检时，她可以独自坐着。但是，当艾拉已经快一岁而核心肌群力量依然薄弱时，莉萨的担忧增加了。她和艾拉的儿科医生谈过后，决定给艾拉的大脑做核磁共振。

在艾拉做完核磁共振的一周后，电话响了。莉萨正坐在学校的办公室里。电话是看了艾拉的核磁共振影像的小儿神经科医生打来的。“在艾拉的核磁共振影像上有一个发现，我想和你谈谈。”这个神经科医生说。莉萨能感觉到她的心跳开始加速。“艾拉有一种被称为双皮质综合征（double-cortex syndrome）的情况，这非常少见。她很可能会发育迟缓。在最坏的情况下，她可能会发展成难治性癫痫疾病，伴有无法控制的癫痫发作。”

这个神经科医生继续说着，但莉萨已经听不进去了。她对艾拉有一个光明前途的梦想开始破灭了。艾拉不会是个正常的孩子。莉萨开始颤抖和哭泣。

布赖恩也同样悲痛欲绝。前几天，他一直在考虑为艾拉开设一个大学储蓄账户，现在，他担心她并不会用到。莉萨和布赖恩试图学习所有能学到的关于双皮质综合征的知识。这种疾病发生在胚胎发育期间，脑细胞错误地迁移到大脑中某些它们原本不应该存在的区域，这些错位的细胞扰乱了正常的大脑功能。它们导致的症状可能有很大差异，从正常智力、无癫痫发作、少量的身体限制到严重的认知障碍和顽固性癫痫发作。

好消息是艾拉的物理治疗似乎进展顺利。带着更多的微笑、咯咯笑和与他人适当的互动，她在社交上的发展也在向前推进。孩子们被艾拉生机勃勃的形象、温暖的眼睛和滑稽的面部表情所吸引。

伴随着物理治疗，艾拉也开始接受专业疗法和语言障碍矫正。该计划是尽早并多次治疗所有功能的缺陷，以期防止它们在以后恶化。几个月以来，这种策略似乎奏效了。艾拉继续吸引着人们的目光。“无论我们走到哪里，她都是人们关注的焦点。”莉萨说。艾拉似乎也在帮助莉萨和布赖恩从困难中挺过来。“对艾拉来说，最好的药就是艾拉自己，”布赖恩说，“当我们和她在一起的时候，我们不会感到悲伤，因为她是如此有趣和活泼。”

更重要的，也许最重要的一点是，艾拉慢慢地开始重启莉萨和布赖恩的好奇心。艾拉取得的最小的进步——如有目的的动作或类似单词的声音——都会在他们的内心创造出深刻的、令人振奋的惊奇和敬畏的感觉。

莉萨和布赖恩期待着，只要艾拉坚持治疗，一切都会好起来。但是在 2008 年 10 月 4 日，离艾拉的 3 岁生日还有几个月的时候，事情变得更糟了。当时莉萨正和艾拉在一家餐馆吃午饭，她突然注意到艾拉的眼皮在颤动。莉萨试图通过呼唤艾拉的名字来引起她的注意。没有奏效。她更大声地呼唤着她的名字，然后摇了摇女儿的手臂。仍然没有奏效。她没能让艾拉恢复过来。这种情况持续了大约 90 秒，后来再次发生了。莉萨打电话给布赖恩。“我觉得艾拉在抽搐，”她急疯了，“我们得带她去医院！”

当他们到达医院时，神经科医生迅速用电极覆盖了艾拉的头部，电极连接到通向电脑的电线。艾拉为她的第一次脑电图“接通电源”（莉萨和布赖恩这样形容）的样子，让人心痛不已。就好像每个电极都代表着一个失去的梦想：艾拉不可能是个正常的孩子；艾拉可能永远不会爱上别人；艾拉永远不会上大学的。

那天，多达 17 次的癫痫折磨着艾拉，在接下来的 6 个月里，尽管服用了大量不同种类的抗惊厥药物，她小小的身体每天还是要忍受 40 到 80 次癫痫发作。这种癫痫可能在任何时刻发作，从一次轻微摇头或一连串的眼睑颤动，到全身性的颤抖。有时艾拉的胳膊和腿会不受控制地疯狂摆动，嘴唇会瞬间变蓝。莉萨和布赖恩不知道艾拉还能活多久。

癫痫的发作抹去了艾拉在治疗中取得的进步，也抹去了了艾拉性格中奇妙且偶尔神秘的部分。艾拉脸上的表情，包括微笑和咯咯笑都消失了。艾拉的医疗团队一直在对她的药物进行小剂量调整，但没有任何效果。莉萨和布赖恩以及那些正在家里帮助他们的人，每天都会在一本日志中记录艾拉的癫痫发作情况，观察是否有任何一种药物组合起了作用。他们发现的唯一规律是艾拉的癫痫发作没有规律。它们不仅把艾拉的一切都偷走了，而且——随着每一次摇头、震颤、抽搐、痉挛或发抖——把莉萨和布赖恩对艾拉康复的希望全部撕成了碎片。

* * *

在现代医学和科学探索出现之前，治疗师和医生们会偶尔随意使用不同的化学药品和混合物治疗疾病。有时候病人很幸运，药剂起作用了。但更多的时候，病人会死于疾病。不同的饮食方法也被尝试过。这些方法通常会失败，只有一种临床案例除外：禁食和癫痫发作。

几千年来，人们一直在探索通过禁食和饥饿疗法治疗癫痫发作。1921 年，纽约著名儿科医生罗尔·盖林在医学界发表了第一篇关于通过禁食成功治疗严重癫痫的报告。

休·康克林是一名在密歇根州巴特尔克里克行医的骨科医生，他实际上开创了禁食疗法的处方。盖林利用自己在医疗机构中的人脉，介绍了康克林的成果。该病例涉及一名 10 岁男童，他“4 年来患有或严重或轻微的癫痫发作，这种发作几乎一直持续着”。在 15 天禁食结束后的第二天，“他的癫痫发作停止了，在随后的一年里，这名儿童没有发作癫痫”。

盖林的报告震惊了全世界的神经学家和病人。当时，苯巴比妥（镇静安眠剂）和溴化类药物是治疗癫痫的唯一有效药物，但它们都有显著的副作用。康克林的经验以及随后记录类似结果的报告，引发了一系列对癫痫的研究。

随着对癫痫研究的热情重新燃起，人们对新陈代谢和糖尿病也产生了同样高的兴趣。研究人员开始探索胰岛素如何使碳水化合物代谢产生的葡萄糖被人体细胞吸收，并被用作细胞转化过程的燃料。在缺乏胰岛素的情况下，或者当细胞对胰岛素没有反应时，例如在I型和II型糖尿病中，研究人员分别了解到，人体利用的是它的备用能源：脂肪。

这项研究揭示出一个问题，脂肪的新陈代谢是混乱的。当身体分解脂肪时，会在血液中留下一种叫作“酮体”的残留物。如果血液中的酮体水平过高，身体就会进入“酮酸中毒”的酸中毒状态。细胞停止以最佳方式运作，这可能导致昏迷，甚至死亡。

禁食，也就是少吃或不吃碳水化合物，会导致类似于糖尿病的状态。病人体内的脂肪成为细胞的主要燃料来源，而酮体则是脂肪新陈代谢的副产品。只要没有糖尿病，体内通常有足够的葡萄糖储备来预防酮酸中毒。

癫痫研究人员认为，禁食癫痫患者体内的酮体可能在某种程度上抑制了神经元的激活，进而消除了癫痫发作。然而，在知道患者不能永远禁食的前提下，他们想知道由超高脂、低碳水化合物和低蛋白组成的饮食是否能模拟禁食状态。

1924年，这种现在被称为“生酮饮食”的饮食模式，被引入严重癫痫的治疗。结果是令人震惊的。有难治性癫痫病史的患者，尤其是儿童，他们的癫痫不再发作了。生酮饮食被认为是一项具有里程碑意义的科学成就，并在20世纪30年代迅速成为癫痫治疗的重要部分。它并不完美，也并非对每位病人都有效，但它是一种受欢迎的替代品，可以替代当时已有的有副作用的抗惊厥药物。

1939年，狄兰汀，一种副作用少得多的新型抗惊厥药物被发现。狄兰汀刺激了另一个癫痫研究时代的诞生，而这个时代也被药物研发支配。市场上出现了副作用较少的新型抗惊厥药物，生酮饮食和其他癫痫饮食策略淡出了人们的视线。

20世纪90年代初，也就是半个多世纪后，一个名叫查理·亚伯拉罕斯的两岁男孩患上了严重的癫痫，抗惊厥药物无法奏效。他的父亲吉姆开始自己寻找治疗方法，并找到了多年前使用过的一种高脂肪饮食的参考文献。吉姆把查理带到约翰霍普金斯大学，在那里，生酮饮食仍然偶尔被用来治疗严重的癫痫病例。

在开始节食的几天之后，查理的癫痫发作程度减轻了，并且很快就完全消失了。在接下来的两年里，查理的癫痫一直没有发作，电影制作人兼慈善家吉姆则利用自己的才能和人际关系来传播他对生酮饮食的认识。这催生了当代人对这种饮食疗法的研究，并重新激发了人们对它作为治疗癫痫的一项选择的兴趣。

2008年冬天，在艾拉生命中最黑暗的时期，莉萨和布赖恩发现了生酮饮食这个奇迹。他们收到了一位朋友寄来的圣诞卡片，这位朋友的小儿子患有多泽综合征——一种较温和的癫痫症，卡片中提到他们的儿子是如何在开始生酮饮食后停止癫痫发作的。莉萨和布赖恩以前听说过这种节食法，但对其一直抱持谨慎的态度。现在，在朋友的鼓励下，他们决定试一试这种方法。

生酮饮食必须管理完善、比例精确，脂肪、碳水化合物和蛋白质都要按克计算，否则是不安全的，甚至可能致命。每一种食物都必须称重，而且只能使用与生酮配方相对应的特定品牌的食物（其他品牌的食物可能有不同的营养成分），总热量也必须密切监测。必须每天记录儿童体内的酮体，以确保它们不会过高。

保持了两周的生酮饮食后，艾拉的癫痫发作突然停止了。两天后的复活节，艾拉笑了，这是她6个月来第一次大笑。莉萨和布赖恩简直不敢相信。几个月后，艾拉摆脱了许多抗惊厥药物，她又开始成为艾拉了。她甚至开始使用单词和别人交谈，生酮饮食起作用了。当看着艾拉在他们眼前变成一个顽皮的孩子时，莉萨和布赖恩关于艾拉的梦想——现在被重新构想过——慢慢地又回来了。

艾拉开始上学前班，然后又重新开始接受物理治疗。她还开始使用一种类似于成人助行器的步态训练轮椅，上面有一个供孩子坐在上面的吊带。2009年的秋天，莉萨和布赖恩参加了艾拉的第一次家长会。当他们走进教室时，布赖恩注意到艾拉的训练轮椅放在角落里，但是上面的吊带是解开的。他走到墙角，重新接上吊带。当他向艾拉的老师提到这一点时，她看起来很困惑。“艾拉没有使用这个吊带，布赖恩，”她说，“她就是站起来，然后用它当助行器。”

莉萨和布赖恩都惊呆了。“她在走路吗？”布赖恩叫道。

艾拉在家里把吊带绑在她的训练轮椅上，但在学校，当她在训练轮椅里时，她的老师鼓励她走路，而不是坐着。莉萨和布赖恩对艾拉能走路感到兴奋，但让他们更兴奋的是，艾拉懂得反抗他们，而且她知道自己在家里和学校分别能做什么、不能做什么。

2010年的春天，艾拉的学校举办了年度音乐会。莉萨和布赖恩还记得那天的艾拉是多么令人惊讶。艾拉自始至终都在跳舞，即使是音乐会上她本不应该跳舞的部分时间，她也在跳着。她就像一个不仅记住了自己的台词，还记住了她所有朋友的台词的孩子，她知道每个人的舞步。她的老师和同学们没有因为不是她的场次而要求她停止跳舞或坐下来，而是让她跟着音乐跳动。观众们目不转睛地盯着艾拉。

艾拉回来了，莉萨和布赖恩在一起对抗女儿的癫痫症的战斗中，关系也日益亲密。艾拉使他们对生活有了新的看法。"我对世界的看法完全不同了，"布赖恩说，"小事情开始有了更多的意义。我们在艾拉做的小事中发现了奇迹，她一直在校准着我们的惊奇雷达。对于有特殊需要的孩子的父母来说，没有中间地带。这个孩子要么会使父母分开，要么会把他们推到一起。"

在将近一年半的时间里，生酮饮食和适量的抗惊厥药物缓解了艾拉的癫痫发作。她在物理治疗过程中也取得了进步。她最大的目标是独立行走，考虑到她正在取得的进步，这似乎是可以实现的。每当她在学校或和其他孩子在一起的时候，艾拉总是生活派对上的主角。

但是很不幸，艾拉的癫痫又开始发作了。莉萨和布赖恩知道它们可能会复发，但不知道会在什么时候复发。这一次，至少在一开始，癫痫的发作似乎没有艾拉开始生酮饮食之前那么严重。即便如此，它们还是开始慢慢地从艾拉身上偷走她的个性。

艾拉的医疗团队对她的饮食进行了调整，改变了脂肪、碳水化合物和蛋白质的比例，还改变了她的用药方案，试验了不同的药物、剂量和施药计划。其中一些药物组合起了作用，能在几周甚至几个月的时间里减少艾拉的癫痫发作，但这种稳定总是难以持续。癫痫总是复发。布赖恩把艾拉的情况比作一座不稳定的水坝："她的癫痫就是这条河。生酮饮食和她的药物是水坝——我们必须一直重建它。"

艾拉的状态时好时坏，但是团队中的每个人仍在努力寻找治疗艾拉的最佳药物组合。

与此同时，艾拉仍然是艾拉。她喜欢芭比娃娃，喜欢撞肘问候，喜欢体操，喜欢拥抱。莉萨和布赖恩对艾拉的爱和任何父母对孩子的爱是一样的。爱让他们每天从床上爬起，去面对艾拉为他们带来的一切。

当涉及灵感时，莉萨和布赖恩在这方面很有优势。因为就连艾拉进入车里并关上车门这样简单的事情，现在都能让他们感到惊奇。而惊奇，是我们所知道的最能启发灵感的力量之一。

* * *

从生理学上看，惊奇这种顽皮的特质是什么样子的？在神经生理学层面上，惊奇是一种情绪。几乎所有情绪都与大脑的边缘系统有关，边缘系统是一组皮层下结构，包括下丘脑、海马体和杏仁核。惊奇同样涉及大脑皮质联合区。当一种感官刺激给我们现有的边缘系统和联合皮质带来新的挑战时，我们就会感到惊奇。当我们感到惊奇的时候，是边缘系统和联合皮质共同处理正在发生的事情，并赋予它意义。例如，对于莉萨和布赖恩来说，艾拉所取得的任何进步，无论程度大小，都会刺激他们的边缘系统和联合皮质，进而激发他们的惊奇感。

简单地说，当某个人或某件事让我们以一种有意义的方式停下来时，我们会体验到一种温暖、积极的惊奇感，让我们觉得时间仿佛静止不动。事实上，惊奇的最大的好处之一就是能让我们活在当下。惊奇让我们停下来，并驱使我们无所作为而不是采取行动。在这个意义上，它不同于通常促使我们采取行动的大多数其他情绪。这种不作为让我们有时间重新部署和反思，让我们变得更有灵感、更易相信别人、更能为他人提供支持。

艾拉的故事在这个方面很有教育意义。有特殊需要的孩子的父母必须首先学会应对这样的现实，即他们的孩子不是他们想象中的样子。一旦他们意识到，这并不意味着要放弃他们对孩子的梦想，而是要重新想象它们时，他们往往就能体验到非常强烈的满足感。惊奇阈值在其中发挥了重要作用。

艾拉使莉萨和布赖恩的惊奇阈值保持在很低的水平。她把他们带回到生活、幸福和养育的基础要素之中，而这些基础要素是惊奇的沃土。安德鲁·所罗门在他的《背离亲缘》（*Far From the Tree*）——一本关于特殊儿童及其家庭的书中提到了这一概念："残疾的孩子成了一个炽热的家庭壁炉，一家人围坐在一起分享一首歌。"

当然，在艾拉的一生中，有很多时候，她的癫痫会不断地发作，治愈的希望渺茫。但是艾拉的每一个小小的胜利都温柔地唤醒了莉萨和布赖恩的惊奇感：当艾拉的讲话能力慢慢地进步时；当她捧腹大笑到站也站不直时；当一个小男孩为她扶着门，她非常感激，就在他的嘴唇上给了一个大大的吻时；当她听到一个婴儿在商场里哭泣，她过去确保这个婴儿没有受伤时。也许艾拉回应她父母的惊奇感的最重要方式是通过她小小的挑衅行为。所有这些时刻——大多数都是意料之外的——都以惊人的方式激发了莉萨和布赖恩的惊奇感。

美国自然保护运动的著名领袖、环保组织塞拉俱乐部的创始主席、美国国家公园体系的幕后策划者约翰·缪尔，在大自然中经历了他的大多数惊奇时刻。然而，缪尔通过他的日记和信件传授给我们的重要一课，并不是我们应该仅仅通过与自然交流来体验惊奇（尽管他确实提倡这一点）。更确切地说，它是在告诉我们要有意识地保持一种对惊奇的开放性感知——换句话说，有一个较低的惊奇阈值。缪尔的传记作者之一迈克尔·科恩很好地总结了这一点："如果一位读者从（缪尔的）叙述中学到了什么，那么它不是关于去看什么，而是关于如何去看……他试图让他的读者和他一样，成为强大而热情的观察者。"

根据缪尔的观点，顽皮的惊奇特质是关于一个人如何观察和体验这个世界，而不是关于他看到什么和体验到什么。这意味着你要敞开内心，去发现所有事物（无论大小）中微小的惊奇时刻，甚至是那些一开始看起来可能平淡无奇的时刻。当我们站在令人叹为观止的自然景色前时，很容易体验到惊奇。但只有当我们能够在没有宏伟壮观之物的情况下体验到惊奇时，我们才算真正掌握了这种能力。

与缪尔相似，美国著名诗人沃尔特·惠特曼也是透过一个带有惊奇色彩的镜头来观察这个世界的。他的朋友兼传记作者莫里斯·巴克博士曾这样评价惠特曼：

> 漫步于一座城市或一片森林中——很明显，这些事情给他带来的快乐远远超过它们给普通人带来的快乐。在我认识这个人之前，从没想过有人能像他那样，从这些事情中得到这么多纯粹的幸福。也许没有人像沃尔特·惠特曼那样对那么多东西抱有喜爱之情，且极少讨厌什么。所有的自然物体似乎都对他有吸引力，所有的风景和声音似乎都会使他高兴。

考虑从一种更奇妙的角度体验这个世界，意味着对惊奇本身有一个较低的阈值。这类似于第 3 章中讨论的拥有一个低笑点的观点。换句话说，如果一个人的惊奇阈值太高，那么花费时间去嗅玫瑰是无用之举（因为玫瑰的气味永远不会对他有效果）。同样地，当惊奇感只能由一个新的体验产生时，你很难感受到惊奇。一种“去过那里，做过那件事”的态度会降低你产生惊奇感的可能性。

尽管惊奇曾为我们带来很多极棒的体验，但在成年后，我们所能体验到的惊奇时刻变得很少，且间隔很长。这在很大程度上是因为我们的惊奇阈值太高了。而正与我们相反，孩子们经常处于一种持续不断的惊奇状态，因为他们总是在经历一些新的事情，而且他们的惊奇阈值很低。为了弥补成年人生活中新奇感的减少，惊奇的研究者们建议成年人放慢脚步，敞开心扉接受新的体验。其理念是，“缓慢”能为体验惊奇创造更多机会。如果你的生活节奏过于快速，那么就没有什么东西能够再次吸引你的眼球，或足够有趣以引发你的惊奇感。通过更开放地接受新的体验，会自然而然地增加生活中的新奇感，体验到惊奇的概率也会变大。

尽管这两个建议（放慢速度和新的经历）能对你有所帮助，但它们不能确保你拥有一段充满惊奇的体验。甚至当我们确实让自己放慢脚步或者经历一些新的事情，但我们的惊奇阈值还停留在较高的水平，那么我们仍然难以体验到惊奇感。

这又回到了我们能从艾拉身上学到的经验上。如果我们能对孩子们内心的惊奇多一点关注，无论它多么天真，无论看起来怎么样，我们都会意识到它在我们生活中的重要性和力量。我们也将更倾向于将惊奇阈值保持在一个低且可达到的水平。

* * *

在 20 世纪初，蕾切尔·卡森还是个孩子的时候，大部分时间都是一个人待着。她喜欢在宾夕法尼亚州斯普林代尔的家附近的树林里探险。蕾切尔在小溪旁玩耍，对水边的野花和昆虫惊叹不已。有时她会仰面躺着，凝视着树梢，看着鸟儿飞过。

蕾切尔就读于宾夕法尼亚州女子学院（现为查塔姆大学），主修动物学。之后，她在约翰霍普金斯大学获得了海洋动物学硕士学位。在她毕业后不久，美国鱼类和野生动物管理局便雇用了她。在那里，蕾切尔工作了很长一段时间，先是作为一名水生生物学家和信息专家，后来又担任该机构各种出版物的首席作家和编辑。

在 20 世纪 40 年代至 50 年代，蕾切尔写了几本关于海洋生物、生态和环境的书。20 世纪 60 年代初，她写了《寂静的春天》一书，这让她作为环保运动的领军人物，一跃成为全国关注的焦点。在《寂静的春天》一书中，蕾切尔描述了杀虫剂二氯二苯三氯乙烷（DDT）的使用是如何危害野生动物、农用牲畜、宠物甚至人类的。这本书激起了公众对 DDT 的强烈抗议，导致美国政府禁止在农业上使用 DDT。

在她的作品中，蕾切尔努力培养她的读者对生命的敬畏之情。这种敬畏是她童年在树林里沉思时养成的，是她在当水生生物学家的日子里养成的，也是她在为保护所有自然生命的政府机构工作时养成的。

当蕾切尔收到她侄女去世的消息时，她对生命的敬畏又回到了原点。尽管已年近 40，蕾切尔还是决定抚养侄女的儿子罗杰。在母亲去世时，罗杰还是个婴儿。蕾切尔没有自己的孩子，她仔细地考虑着如何才能给她的侄孙最好的抚养。对她来说，让罗杰接触大自然是很重要的一件事。从一开始，蕾切尔就带他去大自然中探险，并在他的整个童年时期持续这样做。蕾切尔后来写道：

> 现在，罗杰已经4岁多一点儿了，我们继续共享着在自然世界中的冒险经历，这从他还是婴儿时就开始了，而且我认为效果很好。这种共享既有暴风雨中的自然，也有处于静谧之中的自然，既有白天也有夜晚，并且它建立在一起玩耍的乐趣之上，而不是教学的基础上。

蕾切尔把她和罗杰的自然冒险故事写进了《女性家庭伴侣》杂志一篇题为《帮助你的孩子体验惊奇》（“Help Your Child to Wonder”）的文章中。这篇文章后来与照片结合在一起，组成了《万物皆奇迹》（*A Sense of Wonder*）一书，该书是在蕾切尔去世后出版的。在这本书中，蕾切尔以优美的笔触描绘了她和罗杰共享的许多冒险经历，比如这段关于地衣的冒险经历：

> 我一直很喜欢地衣，因为它们具有一种秘境般的特质——石头上的银环，像骨头、角或海洋生物的壳这样奇异的小形状——我很高兴地发现罗杰注意到了雨给它们的外表带来的神奇变化，并对这种变化做出了反应。林间小径上铺满了一种被称为驯鹿苔藓的地衣。在干燥的天气里，这片地衣地毯似乎很薄，它很脆，

用脚一踩就碎。现在，雨水浸透了它，它像海绵一样吸收了雨水，变得又厚又有弹性。罗杰对它的质地很满意，他跪下来用胖乎乎的膝盖感受它，并从一小块地跑到另一小块地，在又厚又有弹性的地毯上跳上跳下，快乐地尖叫着。

这时候的蕾切尔就像多年前的缪尔一样，已经从她与大自然的经历中发展出了巨大的惊奇感。她希望《万物皆奇迹》能鼓励父母们尽早让孩子接触大自然，并希望这种受到自然启发的惊奇感能伴随他们进入成年期乃至更久的岁月。正如蕾切尔所说：

一个孩子的世界是新生的、新鲜的、美丽的，充满了惊奇和兴奋。不幸的是，对我们大多数人来说，在步入成年期之前，那种富有洞察力的视觉，那种能分辨出美丽和令人惊叹的事物的真实天性已经变得模糊，甚至消失了。如果我能影响到那个负责给所有孩子洗礼的善良仙女，我会请求她给世界上每个孩子都分发一种不可摧毁的惊奇感作为礼物。这种惊奇感将持续一生，是一剂永不衰竭的解毒剂，足以让我们应对之后岁月的无聊和希望的幻灭、对各种人造事物的乏味痴迷、对我们的力量源泉的疏离。

蕾切尔于 1964 年因乳腺癌并发症去世，当时她只有 56 岁。由于对环保意识和政策的长期贡献，她获得了多个奖项和荣誉，包括奥杜邦奖章和卡勒姆地理奖章。在她去世后，总统吉米·卡特授予了她总统自由勋章。

然而，与这些当之无愧的赞誉相比，蕾切尔更希望她能传达给人们敞开自己的生活、为惊奇做好准备的重要性。对蕾切尔来说，这不仅意味着保持一个低的惊奇阈值，同时也要参与那些有很大概率激发惊奇感的体验。这些体验可以是任何事物——特别是如果一个人的惊奇阈值很低——比如自然、艺术、人为表现等。当然，也要注意我们身边的孩子们体验到的惊奇。

有趣的是，仔细看看蕾切尔和罗杰的故事，我们会发现他们的自然界冒险中包含了两种明显不同的方式，这两者都能让蕾切尔体验到惊奇：一种是蕾切尔和罗杰一起体验的，另一种是蕾切尔独自体验的。他们都从大自然中体验到了惊奇，这是显而易见的。但蕾切尔也会让自己通过罗杰来体验惊奇。正如她描述的，罗杰每次体验到惊奇时——无论是观察海浪拍打海岸，在海滩上寻找幽灵蟹，感受潮湿地衣的质地，还是注视烟雾蒙蒙的银河——蕾切尔都注意到了罗杰的惊奇，也感受到了自己内心的惊奇。

这是至关重要的一点。当涉及降低一个人的惊奇阈值时，能够更多地意识到孩子们体验到的惊奇，有时便是最好的开始。首先，比起接触到能够激发惊奇的刺激物，通常我们和孩子们在一起的机会更多（即使没有自己的孩子）。更重要的是，仅仅通过宏伟和庄严的景物来体验惊奇，我们的惊奇阈值反而会不断提高。换句话说，如果需要观赏科罗拉多大峡谷才能体验到惊奇感，那么大脑最终需要的刺激要远远超过科罗拉多大峡谷所能给予的。

而当停下来看一个孩子体验惊奇的时候，我们不仅能注意到这个孩子表情的纯粹，还能注意到他的惊奇阈值有多低。这有助于提醒我们，仔细品味生活中的每一个微小瞬间和拥有一个低的惊奇阈值有多重要。祖父母们和老年人都懂得这一智慧。老年人，尤其是退休人员，通常不像以前那样承担成年人的责任。他们熬过了疯狂忙碌的中年生活，知道生活中什么是重要的，什么是不重要的。所有的这些以一种卓越的能力——观察和陶醉于孙辈或其他孩子们在他们生活中体验惊奇的时刻——达到顶点。

我知道这一切可能听起来有点牵强附会。我们都知道——尤其是为人父母的人——孩子有时会非常具有挑战性，很难相处。我们还知道，当孩子很难缠时，比如当我们已经两次拒绝购买杂货店付款通道上的那包口香糖时，我们的头脑中通常很难产生惊奇感。但是，即使他们处于任性的状态中，时刻为孩子们的惊奇做好准备，也能帮助我们在困难时期做出正确的事情。记住，惊奇能让我们放慢脚步，使我们变得更有能力支持他人，这两者——我们的耐心和支持——都是一个孩子在情绪激动时极度需要的。

在我研究过的那些有着顽皮情商的人中，大多数人在与孩子的互动中都会偏向惊奇而不是恼怒。当然，他们偶尔也会生孩子的气。但是，总的来说，他们真的很喜欢观察孩子们如何面对这个世界。这种为惊奇做好准备的对待孩子的方式，能帮助他们在生活中保持一个较低的惊奇阈值。

畅销书《在爱中重生》的作者格伦农·道尔·梅尔顿在2012年为《赫芬顿邮报》撰写的一篇文章中，以略微不同的方式表达了这一观念。在这篇题为《不要及时行乐》（“Don't Carpe Diem”）的文章中，她谈到作为一个年幼孩子的家长，她是如何不断受到“珍惜时光”这种信息的狂轰滥炸的。举个例子，格伦农解释道，当她的孩子任性要赖的时候，人们（通常是有魅力的年长女性）会在杂货店的付款通道上靠近她，嘴里说着类似这样的话：“享受每一刻吧。这种时光很快就会过去。”格伦农总是有礼貌地回应，比如：“谢谢。是的，时间很快就过去了。谢谢。”但实际上，她正在想着，“你在跟我开玩笑吗？做父母真是该死的难！我等不及让这些孩子赶紧上床睡觉了！”

在这篇文章中，她表示过去常常担心自己不能做好父母的工作，也不能把养育孩子过程中的每一刻都当成纯粹的快乐。每位家长都有这样的担忧。但现在，格伦农不再奉行及时行乐的哲学，而是在寻找一种她称之为“凯罗斯时间”的东西。以下是她对它的描述：

> 世界上有两种不同类型的时间。柯罗诺斯[①]时间是我们生活于其中的时间。它是规则的时间。它是一直盯着时钟直到就寝的

---

① 在古希腊神话中，柯罗诺斯（Chronos）是时间之神，高于万物，象征着永远客观存在的时间。——译者注

时间；是还有难熬的10分钟才能到达的目标时间；是令人想要尖叫的4分钟暂停时间；是爸爸还有两个小时才能到家的时间。柯罗诺斯是我们这些父母经常生活于其中的艰难而缓慢的时间。

此外还有凯罗斯时间[①]。它是时间之外的时刻，在这些神奇的时刻里，时间处于“静止”状态。我每天都有一些这样的时刻。我很珍惜它们。

就像我停止正在做的事情，并且真正地看着蒂什的时候。我注意到她的皮肤是多么的光滑，呈现着完美的棕色。我注意到她那小嘴唇的完美曲线，和她那褐色的眼睛。我呼吸着她那柔软的蒂什牌香味。在这些时刻，我看到她的嘴在动着，但我听不见她说话的声音，因为我所能想到的全部是：“这是我一整天第一次真正见到蒂什，而她是如此美丽。”

格伦农继续描述她是如何在脑海中记下这些时刻的，无论它们发生在何时，即使这些凯罗斯时间总是转瞬即逝。在每一天结束的时候，她可能记不清它们到底是什么，也不记得自己经历过多少次，但她确实记得自己拥有过这些时刻。

格伦农的凯罗斯时间是在成年人生活的日常挣扎中的惊奇体验。她给我们的启示是，这种体验是可能存在的。在成年期体验到惊奇是

① 在古希腊神话中，凯罗斯（Kairos）是柯罗诺斯的弟弟。“kairos”一词意为合适的时机或关键时刻。——译者注

有可能的，除了欣赏宏伟壮丽的景物之外，还能以一种美好的方式将我们与我们的童年重新连接，并允许我们用孩子的眼光看待这个世界。这就是顽皮的惊奇特质的魔力。惊奇，比这本书中讨论的其他4种顽皮特质更能敦促我们再次向我们内心的孩子问好，并用一种满足、有意义和快乐的轻松视角面对成年生活——这种视角能帮助我们每天早上伴着无所畏惧的热情醒来。

这也给我们带来了本书最后一项内容，关于埃米莉·佩尔·金斯利，最受喜爱的儿童电视节目《芝麻街》的终身作家之一。埃米莉从1970年开始为这个节目写作，她的作品获得了17项艾美奖[①]和超过14项的艾美奖提名。

埃米莉对这个节目最大的贡献之一，是她做的开创性工作——让有残疾的个体加入其中。她为此受到了无数的赞扬。她冒险涉足电视中的残疾人这一未知领域的部分动机，来自她与儿子杰森的亲身经历。1974年，杰森出生时患有唐氏综合征。

1987年，埃米莉回忆自己抚养杰森的经历，写了一个简短的现代寓言，讲述了抚养一个残疾孩子的感受，这篇寓言名为“欢迎来到荷兰”：

> 我经常被邀请去讲述抚养一个有残疾的孩子的经历——试图帮助那些没有体验过这种独特经历的人去理解它，去想象它是一

---

① 美国电视界的最高奖项。——译者注

种什么感觉。这种感觉就像这样——

当你要生孩子的时候，就像在计划一场美妙的假期旅行——去意大利。你买了一堆旅游指南，制定了精彩的计划：罗马竞技场、米开朗基罗的大卫雕塑、威尼斯的贡多拉小舟。你可能学习了一些意大利语中的常用短语。这一切都很让人兴奋。

经过几个月的热切期待，这一天终于到来了。你收拾好行李，可以出发了。几小时后，飞机降落了。空姐走进来，说："欢迎来到荷兰。"

"荷兰?!"你叫了起来。"你说荷兰是什么意思？我报名去的是意大利！我应该在意大利的。我这一辈子都梦想着去意大利。"

但是飞行计划有了一个变化。他们已经降落在荷兰了，而你必须留在那里。

重要的是，他们没有把你带到一个充满瘟疫和饥荒的可怕、恶心、肮脏的地方。它仅仅是个不同的地方。

所以你必须出去买新的旅游指南，并且必须学习一门全新的语言。你将遇到一群从未遇到的新面孔。

它仅仅是个不同的地方。它的节奏比意大利慢，不像意大利那么奢华。但当你在那里待了一段时间，喘口气后，环顾四周……你开始注意到荷兰有风车，有郁金香。荷兰还有伦勃朗[1]。

---

① 荷兰历史上最伟大的画家。——译者注

然而你认识的每个人都忙着从意大利进进出出……他们都在吹嘘他们在那里度过了多么美好的时光。而在你往后余生，你会说："是的，那是我原本应该去的地方，那是我曾计划过的。"

那种痛苦永远、永远、永远、永远都不会消失……因为失去那个梦想是一个非常重大的损失。

但是，如果你用余生来哀悼没有去意大利这个事实，那么你可能永远不能尽情欣赏那些关于荷兰的非常特别、非常可爱的东西……

惊奇并不是我们正在看到和体验什么东西，而是如何看待和处理我们的体验。

荷兰就在我们身边。

玩出惊奇感

● 惊奇康复站

对我们大多数人来说，当我们迈向成年时，惊奇阈值已经从孩童时的很低变为成年时的很高。通常，只有壮观的景象才能使我们进入惊奇状态。这可能会让我们筋疲力尽、灰心丧气，让我们的惊奇感变得匮乏，并且无法享受惊奇带来的所有巨大好处。

这就是为什么惊奇的康复如此重要。就像身体上的伤害需要进行有意识的康复，来确保妥当的愈合一样，我们可以从一项康复计划中受益，降低成年后升高的惊奇阈值。

这项计划很简单，里面有三个在必要时可以随时重复使用的建议。该计划的目标是在短期内降低一个人体验惊奇的阈值，然后帮助其在未来几年保持低水平阈值。以下是这三个建议：

· **寻找微小时刻**。无论是自然上、艺术上、音乐上、精神上的，还是其他类似的层面，花时间去探索那些宏伟壮丽的体验当然是值得的。但请记住，如果总是需要用壮观的场景来激发你的惊奇感，从长远来看可能会对你产生不利影响。有一件事可能对你有所帮助，那就是在宏伟壮丽的场景中，寻找隐藏于某处的微小的惊奇时刻。也许它来源于对某个表现出惊奇的人的密切关注，而这个人正站在或坐在你的身边。也许它是你观察到的一种意料之外的友好姿态，或是你看到的两个人之间发生的一场积极互动。无论它看起来是什么样子，在宏大的场景中寻找微小的惊奇时刻，会提醒你在常规的成年生活中发现惊奇的重要性，并帮助你保持一个低的、可达成的阈值。

- **牢记幼小的自己。**每隔一阵子，花点时间回忆一下童年的美好经历。不必大费周章，事实上，简单的记忆往往效果最好。也许它是你和儿时的伙伴一起玩最喜欢的游戏时感受到的快乐，或者是你和家人一起度过某个传统节日时的一种温暖感觉。这个练习将帮助你与你的童年保持连接，同时也提醒你，拥有一个低的惊奇阈值是什么样的感觉。唯一的问题是，比起美好的童年记忆，我们更容易记住糟糕的童年经历。消极情绪比积极情绪涉及更多的神经处理过程，因此记忆效果更好。所以，如果你不得不重复使用同一种积极记忆，不要太过苛责自己，这是完全正常的，而且仍然有效。

- **观察你周围的细微之处。**不管你有没有孩子，试着成为一个敏锐的观察者，去观察你接触到的孩子身上展现出来的惊奇。如果一个金属探测器能在沙滩的沙子里找到埋藏的宝藏，那么你的目标就是培养一个惊奇探测器，发现并欣赏孩子们身上的惊奇——某种通常位于成年人视野之外的东西。

结　论
彩虹厅

我在弗吉尼亚大学医学院的第三年即将结束，那是我作为一名家庭医学实习生的最后一周。作为实习生，需要花一些时间跟随家庭医生在弗吉尼亚州的各个诊所工作。这给学生们提供了一个走出医院围墙、了解医院之外的医学的机会。

我被派往弗吉尼亚州的皮里斯堡，一个坐落在阿巴拉契亚山脉的小镇。我的导师在那里行医超过 20 年。他满头花白的头发，脸上带着迷人的微笑。皮里斯堡的每个人都认识他，也爱他。他很聪明，但同样很谦虚，而且极其善良。

不管是向患者提供安慰，还是仅仅在患者陷入困难的时刻出现，当涉及医学的艺术时，他丝毫不逊于毕加索。顺其自然是他最大的力量，他的病人也因此尊敬他。“安东尼，”我第一天上班时他对我说，“在你的培训过程中，你会学到我们为病人所做的每一件事的细节，从开药到治疗和外科手术。但是，永远不要忘记仅仅在那里陪伴他们的力量。”

在我最后一周工作的星期四下午，我的导师和我刚刚结束了对他当天最后一位病人的治疗。当他说“安东尼，不要担心明天即将发生的事”时，我们正在整理药箱，并完成他的笔记。

“您是什么意思？”我问道。

“好吧，实际上，我需要你帮个忙。”

“当然可以，什么事都行。”我回答。

“我想让你看看我的一个病人，埃莉诺·谢弗太太。”

“她在医院吗？”

“不，她在自己的家里。她一个人住在郊区。”

“您想让我去她家里见她吗？”我问道。

“是的，我想让你上门拜访她。”

“哦，好吧，这听起来不错。关于她，我需要事先了解些什么吗？”

“是的，埃莉诺得了晚期肺癌。她不会和我们待在一起太久，而且她想尽可能多地待在家里。她有点古怪，你见到她就会明白我的意思了。”

我以前从没做过上门拜访。实际上，我并不知道还存在这种出诊形式。带着既兴奋又紧张的心情，我拥抱了一下我的导师，感谢他带给我这么好的一段实习体验。

第二天早上，我早早地出发了。我来到谢弗太太家，把车停在街上。她那庄严的安妮女王风格的家坐落在一座高高的山丘上。一条长长的红砖人行道通向她家的前门。房子的外观是白漆木壁板和黑色百叶窗，维护得很完好。

我下了车，开始朝她家走去。当走到人行道上时，我注意到前门上有个东西。那是一张信纸大小的黄纸，我想它可能是谢弗太太贴的一张便笺，也许她得去办点事，或者出去散散步。我加快了步伐。走近前门时，我更清楚地看到那张黄色的纸是什么。黄纸的中间有几行小字，谢弗太太的签名出现在接近底部的位置，在最上面则用黑色大字写着：

拒绝心肺复苏术（DNR）

谢弗太太在她的前门上贴了一张“拒绝心肺复苏术”的要求。那些在家中度过余生，不希望有人用英雄般的手段来挽救他们的生命的临终病人们，有时会张贴这样的要求。通过这种方式，有可能被呼叫到家里的急救人员会知晓他们的愿望。

我敲了敲门，谢弗太太打开门，微笑着向我打招呼：“我一直在等您，安东尼。请进来，请叫我埃莉诺。”

埃莉诺已经70多岁了。她穿着一件印花连衣裙，稀疏的齐肩长的白发在阳光下闪闪发光。我跨过门口，开始脱鞋，但埃莉诺抓住我的手，把我领进了她的客厅。“别担心您的鞋子。”她说。她坐在一张维多利亚时代的会客椅上，示意我在她的红色沙发上找个座位。我们的谈话开始了。

“欢迎您，安东尼。很高兴您来了。”

“我也是，谢弗太太……我是说埃莉诺。我不会占用您太多的时间。我是一名弗吉尼亚大学医学院三年级的学生，您的社区保健医生让我……”

“您需要多长时间都行，”埃莉诺打断道，“我没有其他需要去的地方了！”

“谢谢，”我说，“我以前从来没有做过上门拜访。”

“凡事都有第一次，安东尼。”

“是的，”我回答，“让我们从您最近的感受谈起吧。最近您感觉怎么样？呼吸费力吗？您痛苦吗？”

“您一次问了太多问题，安东尼。您最好一次问您的病人一个问题。等待他们的回应，再问下一个问题。就像呼吸一样，在您再次吸气之前先呼气。”

“对不起，夫人。我有点紧张。”

“夫人？”

“呃……我是说埃莉诺。”

“名字不能再叫错了。把您的紧张扔到窗外去吧，安东尼。”埃莉诺笑了笑，把她的手挥向座椅后面的窗户。

“我今天感觉很好，”她接着说，“有几天会比别的时候好。我的呼吸状况也差不多这样。每天晚上吸氧要把我逼疯了——那个在我鼻子里的插管。并没有痛苦，谢天谢地。”

“您的精力怎么样？”我问。

“我一生中大部分时间都精力充沛。癌症可能使我的精力降到了正常水平。”埃莉诺笑着说。

我们继续谈了几分钟她的症状和治疗方法。我用随身带来的便携式血压仪给她量了血压，还用听诊器听了她的肺，但当我听完她的上肺区并向她的下肺区移动时，埃莉诺后退了。

“把那个收起来，安东尼。”埃莉诺说。她从我的耳朵里拿出听诊器，塞进我的白大褂。“我知道您应该做什么，也知道您正在学习什么，但今天，我想让您跳出课本思考。把我看成一个坐在您旁边的人——一个碰巧即将死去的人，但仍然是一个人。让我们笑一笑，分享一些关于我们生活的故事。故事会把我们联系在一起，而有时它们是我们最后拥有的全部。”

我吃了一惊，又在红沙发上坐了下来。我明白埃莉诺在说什么，但我没想到这次上门拜访会拐向这个方向。在接下来一个小时左右的时间里，我们享用着她制作的柠檬水和糕点，坦诚地分享了彼此生活中的故事。有些是严肃的，有些是轻松的。我告诉她，我妈妈最近被诊断出患有癌症，还有能遇见我的妻子安娜是我一生中最美好的事情。我们为各自婚礼中的滑稽时刻而大笑。埃莉诺谈到了她已故的丈夫和他们的爱情故事。我们咯咯地笑着谈论自己的小怪癖——比如她一闻到口臭就喜欢给人发薄荷糖，我总是在睡觉前喝一碗麦片粥。

然后，埃莉诺走到客厅角落里的一个橱柜前，拿出一个大大的三环活页夹。我以为这是一本相册，但这是她多年来保存下来的诗集。她把它叫作“滑稽诗之书”，书里所有的诗篇对她来说都是幽默的。

“一首诗必须让我发笑，也必须让我思考，才能被选入这本书。”她说。

我们大声朗读了一些诗，偶尔还笑得前仰后合。后来，我说我应该离开了，埃莉诺让我跟着她到厨房去。于是我们穿过客厅来到厨房，厨房就在她房子的后面。我们把盘子放在洗碗池里，然后埃莉诺示意我沿着连接她厨房和前门的走廊走下去。

我开始沿着走廊走，我走进她家时未曾见过，因为埃莉诺在我脱掉鞋子之前就把我直接带到了客厅。一开始她不想让我看到这个走廊，但现在她想让我看到。

当我沿着它走下去的时候，我开始觉得好像我们的整场参观一直在为通向她的走廊做准备。我说不出话来，埃莉诺也沉默不语，但我能听到她跟在我身后的脚步声。当我盯着走廊的墙壁和天花板时，她知道我们彼此都会沉默。到处都有红色、橙色、黄色、绿色、蓝色和紫色的信纸大小的纸张。每张纸上都用黑色粗体字写着：

拒绝心肺复苏术

这些纸张是贴在她前门外面那张的彩色影印版。这种感觉就像我正在一条彩虹下行走。

当我们终于到达她家的前门时，我回头看了看。埃莉诺就在我身后，咧嘴笑着。

“您还好吗?”她问。

“我想是的。”我说。

“很好。”

“谢谢您的款待。”

“不客气。现在，继续往前走吧。您得走了，替我给您的安娜一个大大的拥抱。”

我走出前门，开始沿着红砖人行道向我的车走去。走到半路的时候，我回头看了看。埃莉诺站在门口。

“还有一件事，”我对她说，“为什么要有贴满拒绝心肺复苏术要求的彩虹走廊?”

“哦，安东尼，”她笑了，“您看——我只是不想让任何人犯错，让我起死回生！我希望人们在他们的日子里，有一个冻结在时间里的时刻。您知道，我们总是这么匆忙。此外，在我的葬礼上，这条走廊也能成为我的家人和朋友们的另一个笑料。”

我们都笑了，然后默不作声地点点头。我上了车，挥了挥手，然后开走了。

那一天是我第一次也是最后一次见到埃莉诺。几个星期后，她安详地去世了——在她的家中。

* * *

我花了将近 10 年的时间才认识到并充分理解了埃莉诺那天传授给

我的智慧。有时，我怀疑她是不是能感觉到成年状态的紧张感是如何开始掌控我的生活的。也许她只是知道，在某种程度上，它总是掌控着我们所有人的生活。也许她在打赌，我的生活会变得越来越忙碌而混乱。也许她还希望，当它来临的时候，我能记住我们一起分享过的故事和笑声——然后看到她在走廊里向我做手势。

“另一个笑料……在我的葬礼上。”

埃莉诺给我们的启示是，最终的结果会证明，用我们一生的时光来建设内心的游乐场，是非常值得的。在我们的葬礼上，我们大多数人都想收获一些笑声（和哭声一样）。我们希望被人怀念，也希望自己因良好的品格和能看到并欣赏生活中更轻松的一面而被人铭记。

美国作家戴维·布鲁克斯曾谈过他所谓的“简历美德”和“悼词美德”。正如布鲁克斯描述的，简历美德是人们带给社会市场的东西。它是你的技能，你所做的工作，你为更大的利益所做的或正在做出的贡献。但是悼词美德是你的家人和朋友在你的葬礼上谈论的：你是一个什么样的人，你的性格，你爱别人多深、被爱多深。

这两类美德在不同的方面都很重要。但正如布鲁克斯指出的：“我们的文化和教育体系把更多的时间花在教授职业成功所需的技能和策略（简历）上，而不是教授你散发内在轻松所需的特质（悼词）。”

那些特质，如想象力，帮助我们重构和共情；如社交能力，抵制第一印象，但依靠谦逊把我们的关系推向新的高度；如幽默，加强了我们与他人的联系，使我们得以穿过人生的沙漠；如自发性，增强我们的心理灵活性，鼓舞我们的慷慨之心；如惊奇，让生活的游乐园变得触手可及。

当我们明白顽皮能够怎样改变我们的生活时，我们内心的轻松会发出最明亮的光。拥有这种认知、情商，使我们于成年人的压力和严肃中，保留了个性之中的顽皮部分——内心的游乐场。它成为我们内心之中的蟋蟀先生杰米尼，提醒我们在此时此地，顽皮有着巨大的价值。

更棒的是，我们大脑中有一种特殊类型的神经元，叫作镜像神经元，它主导着有样学样[①]这种模仿现象。镜像神经元解释了我们理解他人行为举止的能力，并允许我们有效地模仿我们认为有价值的东西。当模仿有益的行为时，我们的大脑会重新连接，使这些行为成为大脑中更永久的一部分。所以，当我们有意识地考虑和运用生活中的顽皮特质时，其他人也会看到有利之处，并做同样的事情。这就是过一种拥有顽皮情商的生活的涟漪效应。这对我们这些老家伙来说也是个好消息——我们可以学习新的技巧。

所以笑一笑，站起来，深呼吸一两次。你的顽皮情商已经准备好在它很多年前掉落的地方被重新拾起，再次和你一起踏上我们都在努力理解和享受的人生之旅。与那时相比，现在它运作的方式可能有点不同。

但这才是最激动人心的部分——因为你也一样。

---

① 20世纪20年代初在美国文化中出现的一句谚语。这句话指的是在不了解一个过程为何有效的情况下学习这个过程。——译者注

致谢

这本书让我花费的精力远远超过我当初——大约5年前，关于它的想法第一次出现在脑海时——的设想。就这一点而言，我的妻子安娜和我们的女儿做出了最大的牺牲，因为有很多个晚上、周末和周三下午我都是在电脑前度过的，而不是去陪伴她们。安娜、艾娃、米娅和罗拉：感谢这一路上你们深刻的见解、坚韧不拔的耐心、极其热烈的支持和坚不可摧的爱。你们这些女孩就是我的世界，我对你们的爱没有任何东西能够衡量。

我要感谢瑞安·扎克林（Ryan Zaklin），在这段旅程中，他一直是我的得力助手和完美的朋友。瑞安帮助我明确和完善了我的愿景，并且从一开始就相信顽皮情商的价值。他还帮助我扩展了一些案例研究的内容。多谢了，我的兄弟。

除了瑞安，还有这4位——埃米·尼兰德（Amy Nielander）、莉萨·特纳（Lisa Tener）、克里斯蒂·弗莱彻（Christy Fletcher）和莉萨·格鲁布卡（Lisa Grubka）——他们以各自的方式在项目最初期就给了我很多支持。感谢你们4位，感谢你们给了我最初的一点自信。

如果没有别的人愿意分享他们的故事和事业，这本书就永远不会出现。萨尔瓦托雷·马迪（Salvatore Maddi）、希拉·R.（Sheila R.）、凯利·斯普拉格（Kellie Sprague）、安妮特·普雷恩（Anette Prehn）、约翰·齐格里斯（John Zeglis）、珀西·斯特里克兰（Percy Strickland）、维维恩·D.（Vivienne D.）、丹·D.（Dan D.）、布伦达·艾尔莎（Brenda Elsagher）、鲍勃·萨瑟兰（Bob Sutherland）、唐·格雷戈里（Don Gregory）、戴维·兰德（David Rand）、克里斯蒂安·史密斯（Christian Smith）、莉萨·多弗（Lisa Dover）、布赖恩·多弗（Brian Dover）、艾拉·多弗（Ella Dover）、阿什利·詹宁斯（Ashley Jennings）、勒妮·舍尔哈斯（Renee Shellhaas），还有我所有的病人，是他们让我有幸去探索他们个性中的顽皮部分——我衷心感谢你们的贡献。

我也对其他人表示感谢。在我写作时，卡伦·马纽松（Karen Magnuson）阅读了每一章节的初稿，并帮助我进行实时内容检查和文字编辑。4位读者——劳伦斯·科恩（Lawrence Cohen）、梅利莎·托尔赫姆（Melissa Talhelm）、埃兰·罗森博格（Erin Rosenberg）和迈克尔·罗森博格（Michael Rosenberg）——审阅了整部手稿，并逐页写下了有价值的评论。吉姆·理查森（Jim Richardson）帮助改进了引言。感谢所有的人，感谢你们为完善这本书所做的一切。

当我在研究和写作时，我的家人和朋友们和蔼地倾听着我脑海里萦绕的概念和想法——它们常常是冗长乏味的。他们有时甚至在不自知的情况下提供了有价值的反馈。凯伦·迪本德（Karen DeBenedet）、纳尔逊·迪本德（Nelson DeBenedet）、米莉·布鲁克斯（Millie Brooks）、罗恩·布鲁克斯（Rowan Brooks）、玛乔丽·金布尔（Marjorie Kimble）、乔·金布尔（Joe Kimble）（他曾帮我改进“想想小的故事”相关的内容）、玛丽安·皮尔斯（MaryAnn Pierce）、洛厄尔·蒂姆（Lowell Timm）、卡蒂·蒂姆（Kathi Timm）、纳坦·蒂姆（Nathan Timm）、金·戴利（Kim Daly）、亚伦·蒂姆（Aaron Timm）、桑迪·蒂姆（Sandie Timm）、马克·拉罗谢勒（Marc Larochelle）、大卫·菲林（David Fuelling）、勒内·菲林（Lenée Fuelling）、迈克尔·麦克纳马拉（Michael McNamara）、梅雷迪思·麦克纳马拉（Meredith McNamara）、科里·韦尼蒙特（Cory Wernimont）、梅甘·韦尼蒙特（Meghan Wernimont）、戴克·麦克尤恩（Dyke McEwen）、劳拉·麦克尤恩（Laura McEwen）、马克·齐格里斯（Mark Zeglis）、丹·纽鲍尔（Dan Neubauer）、兰迪·施雷根戈斯特（Randy Schrecengost）、凯特·麦吉里（Kate McGeary）、克莉丝汀·布加德（Kristin Burgard）、保罗·布加德（Paul Burgard）、卡丽·尼赫罗（Kari Nehro）、丹尼·尼赫罗（Denny Nehro）、桑迪·旺克尔（Sandie Wankel）、达西·斯托尔（Darcy Stoll）、马吉克·比尔·洛克伍德（Magic Bill Lockwood）、凯瑟琳·莫布利（Kathleen Mobley）、德里克·莫布利（Derek Mobley）、玛丽-卡特琳·哈里森（Mary-Catherine Harrison）、约翰·萨内基（John Sarnecki）、格雷格·哈默曼（Gregg Hammerman）、桑德罗·图奇纳尔迪（Sandro Tuccinardi）、莫妮克·斯

吕默尔（Monique Sluymers）、贾森·斯洛克姆（Jason Slocum）、凯特·斯洛克姆（Kate Slocum）、希瑟·休梅克（Heather Shumaker）、托尼·蔡（Tony Tsai）、乔·埃尔穆泽（Joe Elmunzer），休伦胃病科消化护理中心、影像中心以及利文斯顿（Livingston）的家人们——谢谢大家。

最后，我永远感谢我的出版商杰弗里·戈德曼（Jeffrey Goldman）、我的编辑凯特·默里（Kate Murray）和整个圣莫尼卡出版社团队，他们相信这本书，并赋予了它生命。

延伸阅读

前　言　重建欢乐谷

• 有关蟋蟀先生杰米尼的信息收集于1940年由弗兰克·纽金特（Frank Nugent）撰写的关于《木偶奇遇记》（*Pinocchio*）的电影评论，该评论发表在《纽约时报》（*New York Times*）：http://www.nytimes.com/movie/review?res=9A03E2D8113EE33ABC4053DFB466838B659EDE（2016年4月19日访问）。

• 霍华德·加德纳的作品和他的多元智能理论可以在www.howardgardner.com（2016年4月20日访问）检索到。

• 在研究成年人游戏的定义时，我主要基于卡韵·亚纳尔（Careen Yarnal）和钱欣怡（音译）的研究“Older-Adult Playfulness:An Innovative Construct and Measurement for Healthy Aging Research,” American Journal of Play 4, no. 1 (2011):52–79。

• 欢乐谷的故事来源于与马琳·欧文在2016年5月的私人通信：

– http://cjonline.com/news/2015-10-25/wichita-woman-works-restore-joyland-carousel-horses（2016年5月10日访问）；

– http://www.kansas.com/news/article1094886.html（2016年5月10日访问）；http://www.kansas.com/news/article1146103.html（2016年5月12日访问）；http://www.bizjournals.com/wichita/print-edition/2012/02/03/high-school-students-dream-plan-to.html（2016年5月12日访问）。

第 1 章 想象力

• 萨尔瓦托雷 · 马迪和伊利诺伊州贝尔公司的素材源于 Salvatore Maddi,*The Hardy Executive:Health Under Stress*(Homewood，IL：Dow Jones-Irwin, 1984), 1–32；Salvatore Maddi and Deborah Khoshaba, *Resilience at Work: How to Succeed No Matter What Life Throws at You* (New York: AMACOM, 2005), 15–39；可在网站 www.HardinessInstitute.com（访问于 2014 年 9 月 20 日）查阅相关信息；以及一场对萨尔瓦托雷的采访（2014 年 10 月 29 日）。

• 希拉的故事源于 2013 年 9 月 21 日的一次临床会面，2014 年 10 月 19 日与希拉的面谈，2014 年 10 月 29 日与希拉的肿瘤医生凯利 · 斯普拉格博士的面谈，2014 年 10 月 30 日与希拉的女儿戴安、布伦达的面谈，以及 2014 年末、2015 年初与希拉的电子邮件通信。

• 亚历克斯 · 奥斯本的素材来自他的里程碑式著作：*Applied Imagination* (New York : Scribner, 1953), 69–85, 124。

• 安妮特 · 普雷恩的素材改编自她的文章 "Create Reframing Mindsets through Framestorm," *NeuroLeadership Journal* 4 (2012) 以及 2015 年 8 月与安妮特的电子邮件通信。更多关于安妮特作品的信息可以在她的网站 www.brainsmart.today 找到。

• 关于定势效应的材料改编自 Abraham Luchins and Edith Hirsch, *Rigidity of Behavior:A Variational Approach to the Effect of Einstellung* (Eugene, OR:University of Oregon Books, 1959)。

• 关于苏珊 · J. 弗兰克实验的部分，改编自她的著作中题为 "Just Imagine How I Feel: How to Improve Empathy through Training in Imagination" 的章节，该章出自 *The Power of Human Imagination:New Methods in Psychotherapy*, ed. Jerome Singer and Kenneth Pope(New York:Springer, 1978), 309–46。

• 关于阅读小说和共情的部分，改编自 Raymond Mar et al. "Bookworms versus Nerds:Exposure to Fiction versus Non-Fiction, Divergent Associations with Social Ability, and the Simulation of Fictional Social Worlds," *Journal of Research in Personality* 40 (2006):694–712。

• 乔西和梅甘的轶事基于 2006 年夏天发生在美国一家大型医院的一次临床会面。故事中的一些细节做了改动以保护当事人的身份。

• "重构准备" 的部分内容改编于 http://stress.about.com/od/positiveattitude/a/reframing.html（2014 年 12 月 3 日访问）。

• "多好的做白日梦的日子啊" 这一小节的素材改编于 Matthew Killingsworth

and Daniel Gilbert, "A Wandering Mind Is an Unhappy Mind," *Science* 330 (2010):932; Raymond Mar et al., "How Daydreaming Relates to Life Satisfaction, Loneliness, and Social Support:The Importance of Gender and Daydream Content," *An International Journal* 21 (2011):401–7; Jerome Singer, "Navigating the Stream of Consciousness:Research in Daydreaming and Related Inner Experience," *American Psychologist* 30 (1974):727–38; and Peter F.Delaney et al., "Remembering to Forget:The Amnesic Effect of Daydreaming," *Psychological Science* 21 (2010):1036–42。

第 2 章　社交能力

• 教堂山社区的衰落和崛起在约翰·默登（John Murden）的文章中有相关讨论，"High on the Hill," http://www.styleweekly.com/richmond/high-on-the-hill/Content?oid=1957386（2015 年 1 月 31 日访问）。

• 约翰·约翰逊关于教堂山衰落的引述见于拉赫尔·考夫曼（Rachel Kaufman）的文章，"History and Mystery in Richmond's Church Hill," http://www.washingtonpost.com/wp-dyn/content/article/2008/12/11/AR2008121103085.html（2015 年 1 月 31 日访问）。

• 玛丽·温菲尔德·斯科特（Mary Wingfield Scott）在她的书中提到了教堂山和贫民窟之间的联系：*Old Richmond Neighborhoods* (Richmond, VA: Whittet & Shepperson, 1950), 53。

• 珀西·斯特里克兰和 CHAT 的故事来源于与珀西·斯特里克兰的个人通信（2015 年 1 月和 2 月）。

• 教堂山的犯罪统计数据来源于里士满警察局犯罪事件信息中心：http://eservics.ci.richmond.va.us/application/crimeinfo/index.asp（2015 年 2 月 7 日访问）。

• 根据《今日美国》（*USA Today*）杂志，教堂山社区被列为最有前景的社区之一：http://experience.usatoday.com/america/story/best-of-lists/2014/05/07/10-up-and-coming-neighborhoods- explore-this-summer/8814935/（2015 年 2 月 7 日访问）。

• 锚定偏见的概念见于阿莫斯·特沃斯基和丹尼尔·卡尼曼的研究，"Judgment under Uncertainty: Heuristics and Biases," *Science* 185, no. 4157 (1974):1124–31。

• 是加州梦还是真正的幸福？这个讨论见于大卫·施凯德和丹尼尔·卡尼曼的研究，"Does Living in California Make People Happy?A Focusing Illusion in Judgments of Life Satisfaction," *Psychological Science* 9, no. 5 (1998):340–46。

• 关于我们如何用系统 1 和系统 2 思考，来源于丹尼尔·卡尼曼的杰作

Thinking, Fast and Slow (New York:Farrar, Straus, and Giroux, 2013)。

• 关于刻板印象的素材（即分类个人知觉）收集自 C.Neil Macrae and Galen V.Bodenhausen, "Social Cognition:Categorical Person Perception," *British Journal of Psychology* 92, no. 1 (2001):239–55。

• "无力沟通有着强大的力量"这一概念来自亚当·格兰特的著作：*Give and Take:A Revolutionary Approach to Success* (New York:Viking, 2013), 126–54。

• "谦逊"的定义来自 http://www.merriam-webster. com/dictionary/humility（2015年2月8日访问）。

• 约翰·齐格里斯的谦逊故事经由2015年2月和3月与约翰的私人通信发展而成；http://business.illinois.edu/insight/summer99/（2015年2月9日访问）；http://w4.stern.nyu.edu/accounting/ docs/syllabi/Cases/AT&T%20Case.pdf（2015年3月10日访问）; and http://usatoday30.usatoday.com/money/industries/telecom/2004-11-09-zeglis_x.htm（2015年2月8日访问）。

• 吉姆·柯林斯的领导力研究在"Level 5 Leadership:The Triumph of Humility and Fierce Resolve"中有相关讨论，http://hbr.org/2005/07/level-5-leadership-the-triumph-of-humility-and- fierce-resolve（2015年1月28日访问）。

• 西摩·萨拉森的故事改编自他的自传：*The Making of an American Psychologist* (San Francisco:Jossey- Bass, 1988), 13–23, 26–28, 145–57, and http://articles. courant. com/2010-02-28/features/hc-exlife0228.artfeb28_1_doctorate- in-clinical-psychology-seymour-b-sarason-pioneer（2015年2月8日访问）。

• 社区感理论源于大卫·麦克米伦和大卫·查维斯的研究，"Sense of Community:A Definition and Theory," *Journal of Community Psychology* 14 (1986):6–23。

• 不是一家人，不进一家门。关于家庭餐桌的材料改编自 http://www.gallup. com/poll/166628/ families-routinely-dine-together-home.aspx（2015年3月7日访问）；蕾切尔·图明（Rachel Tumin）和萨拉·E. 安德森（Sarah E.Anderson）的研究，"The Epidemiology of Family Meals among Ohio's Adults," *Public Health Nutrition* (September 2014):1–8; and http://thefamilydinnerproject.org/（2015年3月7日访问）。

• 经常向你的邻居要些番茄酱，然后查看以下能够帮助增进邻里和谐的伟大资源：Brenda Egolf et al., "The Roseto Effect:A 50-Year Comparison of Mortality Rates," *American Journal of Public Health* 82 (1992):1089–92; Malcolm Gladwell, *Outliers:The Story of Success* (New York:Little, Brown and Company, 2008), 3–11; and Ana V.Diez Roux and Christina Mair, "Neighborhoods and Health," *Annals of the New York Academy of Sciences* 1186 (2010):125–45。

• 与催产素相关的信息收集于苏珊·平克（Susan Pinker）的著作 *The Village Effect:How Face-to-Face Contact Can Make Us Healthier and Happier* (New York: Spiegel & Grau, 2014), 262–64; and http:// www.apa.org/monitor/feb08/oxytocin.aspx（2015 年 3 月 18 日访问）。

• 虚拟社区的材料改编自 Dar Meshi et al., "Nucleus Accumbens Response to Gains in Reputation for the Self Relative to Gains for Others Predicts Social Media Use," *Frontiers in Human Neuroscience* 7 (2013):439; Hayeon Song et al., "Does Facebook Make You Lonely?A Meta-Analysis," *Computers in Human Behavior* 36 (2014):446; Ethan Kross et al., "Facebook Use Predicts Declines in Subjective Well-Being in Young Adults," *PLOS ONE* 8 (2013):8; Rosalind Barnett et al., "At-Risk Youth in After-School Programs:How Does Their Use of Media for Learning about Community Issues Relate to Their Perceptions of Community Connectedness, Community Involvement, and Community Support?," *Journal of Youth Development* 9 (2014):157–69; Rebecca Schnall et al., "eHealth Interventions for HIV Prevention in High-Risk Men Who Have Sex with Men:A Systematic Review," *Journal of Medical Internet Research* 16 (2014): e134; Sean D.Young et al., "Social Networking Technologies as an Emerging Tool for HIV Prevention:A Cluster Randomized Trial," *Annals of Internal Medicine* 159, no. 5 (2013):318–24; Renée K.Biss et al., "Distraction Can Reduce Age-Related Forgetting," *Psychological Science* 24, no. 4 (2013):448–55; http://uanews.org/story/should-grandma-join-facebook-it-may-give-her-a-cognitive-boost-study-finds（2015 年 2 月 11 日访问）；和 http://www.exeter.ac.uk/news/research/ title_426286_en.html（2015 年 2 月 11 日访问）。

• 社交孤立和孤独的材料改编自 John Cacioppo and William Patrick, *Loneliness: Human Nature and the Need for Social Connection* (New York:WW Norton and Company, 2008), 101–09, 162–63; Naomi I. Eisenberger et al., "Does Rejection Hurt? An fMRI Study of Social Exclusion," *Science* 302 (2003):290–92; and Julianne Holt-Lunstad et al., "Loneliness and Social Isolation as Risk Factors for Mortality:A Meta-Analytic Review," *Perspectives on Psychological Science* 10, no. 2 (2015):227。

• 格洛里亚的故事源于 2008 年 1 月 15 日的一次临床会面。关于这个故事的一些细节有所改动，以保护当事人的身份。

• "起锚" 这一小节用到的材料源于大卫·施凯德和丹尼尔·卡尼曼的研究，"Does Living in California Make People Happy? A Focusing Illusion in Judgments of Life Satisfaction," *Psychological Science* 9, no. 5 (1998):340–46; Zoltán Vass,

A Psychological Interpretation of Drawings and Paintings, The SSCA Method:A Systems Analysis Approach (Budapest:Alexandra Publishing, 2011), 83; and Birte Englich and Kirsten Soder, "Moody Experts:How Mood and Expertise Influence Judgmental Anchoring," *Judgment and Decision Making* 4 (2009):41–50。

• "无力沟通"这一小节的材料改编自 Elliot Aronson et al., "The Effect of a Pratfall on Increasing Interpersonal Attractiveness," *Psychonomic Science* 4, no. 6 (1966):227–28; Adam Grant, *Give and Take:A Revolutionary Approach to Success* (New York:Viking, 2013), 265; and Susan Cain,, http://www.thepowerofintroverts.com/2013/07/04/7-ways-to-use-the-power-of-powerless- communication/（2015 年 3 月 19 日访问）。

第 3 章 幽 默

• "想想小的好处"改编自 Andrea Hiott, *Thinking Small:The Long, Strange Trip of the Volkswagen Beetle* (New York:Ballantine, 2012), 1–16, 255–264, 338–345, 353–374; Dominik Imseng, *Think Small:The Story of the World's Greatest Ad* (Zurich, Switzerland:Full Stop Press, 2011), 60–74, 94–106; and Charles Gulas and Marc Weinberge, *Humor in Advertising:A Comprehensive Analysis* (Armonk, NY:M. E.Sharpe, 2006), 10。

• "想想小的好处"第一的广告排名来源于下述网站的一项清单：http://adage.com/article/special-report-the-advertising-century/ad-age-advertising-century-top-100-advertising-campaigns/140150/（2015 年 1 月 1 日访问）。

• E. B. 怀特的引文见于 http://en.wikiquote.org/ wiki/E._B._White（2015 年 5 月 12 日访问）。

• 诺曼 · 库森敦促科学界考虑幽默和健康之间的联系之事见于他的文章"Anatomy of an Illness (as Perceived by the Patient)," *New England Journal of Medicine* 295 (1976):1458–63。

• 关于幽默与身体健康关系的素材来源于 Rod A.Martin, T*he Psychology of Humor:An Integrative Approach* (Waltham, MA:Academic Press, 2006), 309–33; and Sven Svebek, Solfrid Romundstad, Jostein Holmen, "A 7-Year Prospective Study of Sense of Humor and Mortality in an Adult County Population:The Hunt-2 Study," *International Journal of Psychiatry in Medicine* 40 (2010):125–46。

• 根据 http://www.who.int/mediacentre/factsheets/fs310/en/（2015 年 4 月 25 日访问），心脏病是世界上最主要的死亡原因之一。

• 关于鸡汤的犹太笑话可在 http://shortjewishgal.blogspot.com/2013/04/it-couldnt-hurt.html（2016 年 5 月 15 日访问）找到。

• 戴维斯·卡尔在网上的轰动故事改编于 http://abcnews.go.com/Technology/charlie-bit-watched-youtube-clip-changed-familys-fortunes/story?id=16029675（2015 年 4 月 29 日访问）; http://www.nytimes.com/2012/02/ 10/world/europe/charlie-bit-my-finger-video-lifts-family-to-fame.html?_r=0（2015 年 4 月 28 日 访 问）; http://www.wsj.com/articles/SB100014240527 02303661904576454342874650316（2015 年 4 月 28 日访问）; 以及乔纳·伯杰（Jonah Berger）和凯瑟琳·L. 米尔克曼（Katherine L. Milkman）的文章 , "What Makes Online Content Viral?," *Journal of Marketing Research* 49 (2012):192–05。

• 维维恩和丹的故事来源于 2015 年 3 月 30 日的一次采访，还有一些后续的短信、电子邮件和电话交谈。

• 关于笑的生物学的素材来源于 Robert Provine, *Laughter:A Scientific Investigation* (New York:Penguin, 2001), 36–53, 92–97; Pedro C. Marijuán and Jorge Navarro, "The Bonds of Laughter:A Multidisciplinary Inquiry into the Information Processes of Human Laughter," *BioInformation and Systems Biology Group Instituto Aragonés de Ciencias de la Salud* 50009 *Zaragoza, Spain*, http://arxiv.org/pdf/1010.5602.pdf（2015 年 4 月 5 日访问）; and Marshall Brain, "How Laughter Works," http://science.howstuffworks.com/life/inside-the-mind/emotions/ laughter.htm（2015 年 4 月 5 日访问）。

• 重视与我们浪漫伴侣之间的幽默的观点见于埃里克·R. 布雷斯勒（Eric R.Bressler）, 罗德·A. 马丁（Rod A. Martin）和西加尔·巴尔塞（Sigal Balshine）的研究 , "Production and Appreciation of Humor as Sexually Selected Qualities," *Evolution and Human Behavior* 27 (2006):121–130。

• 工作场所中幽默的价值改编于杰奎琳·史密斯（Jacquelyn Smith ）发表于的福布斯文章 , http://www.forbes.com/sites/jacquelynsmith/2013/05/03/10-reasons-why-humor-is-a-key-to-success-at-work/（2015 年 3 月 30 日访问），以及来自凯业必达（Career Builder）网站的调查 , http://www.careerbuilder.com/share/aboutus/pressreleasesdetail.aspx?sd=8%2F28%2F2013&id=pr778&ed=12%2F31%2F2013（2015 年 3 月 30 日访问）, 和 Accountemps 公司，http:// accountemps.rhi.mediaroom.com/funny-business（2015 年 3 月 30 日访问）。

• "我们是否真的重视幽默" 这一部分来源于 : http://www.bls.gov/tus/（2015 年 5 月 25 日 访 问）; http://www.nielsen.com/us/en/insights/news/2011/10-years-of-primetime-the-rise-of-reality-and-sports-programming. html （2015 年 5 月 27 日访

问); http://skift.com/2014/08/01/comedy-is-the-most-popular-genre-in-the-in-flight-entertainment- business/（2015 年 5 月 28 日访问）; http://www.boxofficemojo. com/alltime/world/(2015 年 5 月 28 日访问); http://www. filmsite.org/bestpics2.html and http://oscar.go.com/blogs/oscar- history（2015 年 5 月 28 日访问）; http://www. theatlantic.com/entertainment/archive/2012/01/why-do-the-oscars-hate-laugh-out-loud-comedies/251985/#slide1（2015 年 5 月 28 日访问）; 以及莎伦・洛克耶（Sharon Lockyer）和林恩・迈尔斯（Lynn Myers）的文章，"It's About Expecting the Unexpected:Live, Stand-Up Comedy from the Audience's Perspective," Journal of Audience and Reception Studies 8 (2011):172。

•《春天不是读书天》(*Ferris Bueller's Day Off*) 的引用摘自 http://www.imdb. com/title/tt0091042/?ref_=ttqt_qt_tt（2015 年 4 月 10 日访问）。

• 布伦达・艾尔莎的故事改编自她的著作，*If the Battle Is Over, Why Am I Still in Uniform?*(Andover, MN:Expert Publishing, Inc.,2003) 以及 2015 年 12 月 14 日的一场电话采访。

• 关于《钢木兰花》(*Steel Magnolias*) 的引用摘自 http://www. imdb.com/title/tt0098384/quotes (2016 年 7 月 25 日访问)。

• 关于幽默和复原力关系的素材来源于 http://www.pbs.org/thisemotionallife/topic/humor/humor-and- resilience（2015 年 12 月 9 日访问）; http://ejop.psychopen. eu/article/viewFile/464/354（2015 年 12 月 9 日访问）; 以及罗德・A. 马丁（Rod A. Martin），*The Psychology of Humor:An Integrative Approach* (Waltham, MA:Academic Press, 2006), 269–307。

• 路易・安德森关于怀尔德・比尔・鲍尔的引文见于 http://www.twincities.com/ci_21436292/twin-cities-comic-wild-bill- bauer-dead-at（2015 年 12 月 20 日访问）。

第 4 章　自发性

• 鲍勃・萨瑟兰、樱桃共和国和 2012 年北密歇根樱桃作物大规模减产的故事来源于 2015 年 6 月 11 日对鲍勃・萨瑟兰的采访，以及 2015 年 6 月 14 日对唐・格雷戈里的采访。此外，在 2015 年 6 月底访问的几个网站，提供了关于肾上腺癌的有用细节、推动五大湖形成的力量、核果种植原则以及关于樱桃作物减产的各种环境因素的相关信息：

– http://www. pbs.org/wgbh/nova/earth/cause-ice-age.html;

– http://www.glerl. noaa.gov/pr/ourlakes/background.html;

– http://www.great-lakes. net/teach/geog/lakeform/lf_1.html; http://cherryworks.

net/about/ history-of-cherries; http://rarediseases.info.nih.gov/gard/5751/ adrenal-cancer/resources/1; http://www.pbs.org/newshour/updates/ science-july-dec12-michigancherry_08-15; http://www.wzzm13. com/story/news/local/morning-features/2014/02/01/5120463/; http://www.wsj.com/articles/SB10001424052702304791704577420802349893464; and http://agilewriter.com/History/ CherryCapital.htm。

• 关于心理灵活性的素材改编自托德・B. 卡什丹（Todd B.Kashdan），"Psychological Flexibility as a Fundamental Aspect of Health," *Clinical Psychological Review* (November 1, 2010):865–78。本章还叙述了在卡什丹的评论中描述的由外部团队进行的几个实验，George A. Bonanno et al., "The Importance of Being Flexible: The Ability to Enhance and Suppress Emotional Expression Predicts Long-Term Adjustment," *Psychological Science* 157 (2004): 482–87; Sho Aoki et al., "Role of Striatal Cholinergic Interneurons in Set-Shifting in the Rat," *Journal of Neuroscience* (June 24, 2015): 9424–31; Robert Becklen and Daniel Cervone, "Selective Looking and the Noticing of Unexpected Events," *Memory & Cognition* 11 (1983): 601–08; Christopher Chabris and Daniel Simons, "Gorillas in Our Midst: Sustained Inattentional Blindness for Dynamic Events," *Perception* 28 (1999): 1059–74; and Ulric Neisser, "The Control of Information Pickup in Selective Looking," in *Perception and Its Development: A Tribute to Eleanor J. Gibson*, ed. Anne D. Pick (Hillsdale, NJ: Lawrence Erlbaum Associates, 1979), 201–19。

• 莉莲・贝尔和她的圣诞船的故事来源于莉莲在她的著作中对这个项目的个人描述：*The Story of the Christmas Ship* (Chicago:Rand McNally & Company, 1915); http://www.oldandsold.com/ articles27n/women-authors-15.shtml（2015 年 9 月 2 日访问）; https://en.wikipedia.org/wiki/World_War_I（2015 年 9 月 10 日访问）; 以及 http://www.ibiblio.org/hyperwar/ OnlineLibrary/photos/sh-usn/usnsh-j/ac12.htm（2015 年 9 月 12 日访问）。莉莲给美国孩子的信在篇幅上有所删减，在来自孩子们的信的末尾补充了虚构的名字。

• 关于自发性与慷慨的联系以及公共物品游戏相关的素材，源自戴维・兰德等人的著作。"Spontaneous Giving and Calculated Greed," *Nature* 489(September 20, 2012):427–30。

• 样品转化为销售的观点详见 http://www.theatlantic.com/business/archive/ 2014/10/the-psychology-behind-costcos- free-samples/380969/（2016 年 8 月 4 日访问）。

• 关于慷慨的科学来源于克里斯蒂安・史密斯（Christian Smith）和希拉里・戴维森（Hilary Davidson），*The Paradox of Generosity:Giving We Receive, Grasping We Lose* (New York:Oxford, 2014), 44–45, 95, 99–113, 184。

• 俗语“生活只是一碗樱桃”的起源见于：https://en.wikipedia.org/wiki/Life_Is_Just_a_Bowl_ of_Cherries(2015 年 9 月 20 日访问)，而关于滑稽剧《乔治 · 怀特的丑闻》的信息见于 https://en.wikipedia.org/wiki/George_White%27s_Scandals（2015 年 9 月 20 日访问)。

第 5 章　惊　奇

• 通过 2015 年 11 月和 12 月的一系列采访，莉萨和布赖恩 · 多弗和我分享了艾拉的故事。我感谢他们在我们交谈时的坦率和脆弱。我也为他们所给予的信任感到惭愧，他们相信我能保持艾拉的故事的神圣，同时温柔地打开它让别人看到和学习。艾拉的保姆兼乔装天使阿什利 · 詹宁斯和艾拉的小儿神经科医生勒妮 · 舍尔哈斯在 2015 年 12 月通过电子邮件和电话通信提供了宝贵的见解。除了阿什利和舍尔哈斯博士，还有许多人多年来一直支持着莉萨、布赖恩和艾拉。他们包括但不限于：葆拉（Paula），路易斯（Louis），南希（Nancy），汤姆（Tom），柯尔斯顿（Kirsten），乔斯（Jose），萨拉（Sara），阿南德（Anand），布拉德（Brad），萨拉-玛丽（Sara-Marie），凯丽（Kelly），劳里（Laurie），琼（June），林赛（Lindsey），玛丽（Mary），丹尼丝（Denise），克莉丝汀（Kristine），特洛伊（Troy），蕾切尔（Rachael），贾森（Jason）和埃伦（Ellen）。对你们所有人和更多的人来说，要知道莉萨和布赖恩感谢你们出现在他们的生命中，并把你们每一个人都看作他们走过的道路上的明灯。

• 关于双皮质综合征的信息收集于 https://rarediseases.info.nih.gov/gard/1904/subcortical-band-heterotopia/resources/1（2015 年 11 月 17 日访问）。

• 生酮饮食的历史，包括它的起源、衰落和最终再次流传，见于约翰 · M. 弗里曼（John M. Freeman）等人的著作：*The Ketogenic Diet:A Treatment for Children and Others with Epilepsy* (New York:Demos Medical Publishing, 2006), 19–36, 以及 http://www.news-medical.net/health/History-of-the-Ketogenic-Diet.aspx（2015 年 11 月 15 日访问）。

• 关于惊奇的科学、围绕惊奇的心理学概念、奇迹的好处，约翰 · 缪尔、沃尔特 · 惠特曼和蕾切尔 · 卡森等人参考了罗伯特 · C. 富勒（Robert C. Fuller）的励志著作，*Wonder:From Emotion to Spirituality* (Chapel Hill, NC:University of North Carolina Press, 2006), 38–41, 44, 49, 102–109; http://www.ttbook.org/book/transcript/transcript- whats-wonder-jonathan-haidt（2015 年 11 月 10 日访问）; http://www.huffingtonpost.com/jonathan-haidt/wonderful-versus-wonderfr_b_5022640.html（2015 年 11 月 10 日 访 问）; http://www.slate.com/bigideas/why-do-we-feel-awe/

essays-and-opinions/dacher-keltner-opinion（2015 年 11 月 10 日访问）; http://www.huffingtonpost.com/2015/02/04/natural-anti-inflammatori_n_6613754.html（2015 年 11 月 10 日访问）; http://www.rachelcarson.org（2015 年 11 月 11 日访问）; 以及蕾切尔 · 卡森的著作: *The Sense of Wonder* (New York:Harper & Row, 1956), 39, 42–43。

• 安德鲁 · 所罗门的引用来自于他的天才之作: *Far from the Tree: Parents, Children, and the Search for Identity* (New York:Scribner, 2013), 371。

• 格伦农 · 道尔 · 梅尔顿关于 "凯罗斯时间" 的文章摘自 http://www. huffingtonpost.com/glennon-melton/dont-carpe-diem_b_1206346.html（2015 年 12 月 4 日访问）。

• 埃米莉 · 佩尔 · 金斯利的背景见于 https://en.wikipedia.org/wiki/Emily_Kingsley（2015 年 12 月 7 日访问）。她的现代寓言 "欢迎来到荷兰" 首次发表在 Dear Abby 的专栏 "A Fable for Parents of a Disabled Child," *Chicago Tribune*, November 5, 1989。今天许多不同的网站都能找到这篇文章。

• 为什么我们记得消极的童年经历多于积极的童年经历? 该问题的解释见于 http://www.nytimes.com/2012/03/24/your-money/why-people-remember-negative-events-more-than- positive-ones.html?_r=0（2015 年 12 月 10 日访问）。

结　论　彩虹厅

• 为了保护当事人的身份, 关于埃莉诺 · 谢弗的轶事的一些小细节做了改动。戴维 · 布鲁克斯关于美德的观点见于 http://www.nytimes.com/2015/04/12/opinion/sunday/david-brooks-the-moral- bucket-list.html?_r=0（2015 年 12 月 29 日访问）以及 https:// www.ted.com/talks/david_brooks_should_you_live_for_your_resume_or_your_eulogy?language=en（2015 年 12 月 29 日访问）。

• 关于镜像神经元的信息可以在 http://www.apa.org/monitor/oct05/mirror.aspx（2015 年 12 月 30 日访问）找到。

图书在版编目（CIP）数据

学会轻松 / (英) 安东尼 · 迪本德著 ; 曹聪译 . -- 天津 : 天津科学技术出版社 , 2022.6

书名原文 : The Power of Living Lightly in a Serious World

ISBN 978-7-5742-0018-0

Ⅰ . ①学… Ⅱ . ①安… ②曹… Ⅲ . ①心理学—通俗读物 Ⅳ . ① B84-49

中国版本图书馆 CIP 数据核字 (2022) 第 103087 号

PLAYFUL INTELLIGENCE:The Power of Living Lightly in a Serious World
by Anthony T. DeBenedet, M.D.

学会轻松
XUEHUI QINGSONG
责任编辑：陶　雨
责任印制：兰　毅
出　　版：天津出版传媒集团 / 天津科学技术出版社
地　　址：天津市西康路 35 号
邮　　编：300051
电　　话：（022）23332400（编辑部） 23332393（发行科）
网　　址：www.tjkjcbs.com.cn
发　　行：新华书店经销
印　　刷：天津中印联印务有限公司

开本 889 × 1194　1/32　印张 7.5　字数 160 000
2022 年 6 月第 1 版第 1 次印刷
定价：38.00 元